产品设计手绘训练与表达

李 筠 ◎ 著

PRODUCT DESIGN HANDWRITING
TRAINING AND EXPRESSION

北京理工大学出版社
BEIJING INSTITUTE OF TECHNOLOGY PRESS

内 容 简 介

本书从产品设计手绘的重要性入手,明确了产品手绘和计算机制图的不同,强调了产品设计手绘是记录设计师灵感和表达个性的途径。本书首先对产品设计手绘具体的用笔、线条、透视、明暗、排版、细节处理等方面进行了详细的介绍,针对大部分同学在学习过程中出现的只会临摹,不会设计的现象进行了造型推敲的讲解,之后通过几个手绘产品的绘图过程来展示具体绘制步骤,最后整理一些大师作品和师生作品范例作为平时绘图参考。

版权专有　侵权必究

图书在版编目(CIP)数据

产品设计手绘训练与表达 / 李筠著. —北京:北京理工大学出版社,2017.7
ISBN 978-7-5682-4518-0

Ⅰ.①产… Ⅱ.①李… Ⅲ.①产品设计－绘画技法 Ⅳ.①TB472

中国版本图书馆CIP数据核字(2017)第189171号

出版发行 / 北京理工大学出版社有限责任公司	
社　　址 / 北京市海淀区中关村南大街5号	
邮　　编 / 100081	
电　　话 /（010）68914775（总编室）	
（010）82562903（教材售后服务热线）	
（010）68948351（其他图书服务热线）	
网　　址 / http://www.bitpress.com.cn	
经　　销 / 全国各地新华书店	
印　　刷 / 北京紫瑞利印刷有限公司	
开　　本 / 787毫米×1092毫米　1/16	
印　　张 / 10.5	责任编辑 / 李玉昌
字　　数 / 224千字	文案编辑 / 刘　派
版　　次 / 2017年7月第1版　2017年7月第1次印刷	责任校对 / 周瑞红
定　　价 / 65.00元	责任印制 / 边心超

图书出现印装质量问题,请拨打售后服务热线,本社负责调换

Foreword 前言

在产品设计过程中，手绘是体现构思和创意的第一步，需要在有限的时间内完成对产品的升华。因此，我们必须重视手绘，掌握手绘的基本技能。目前，很多院校产品设计专业均开设了产品设计手绘课程，目的是通过手绘表达设计思想，明确设计意图，描绘产品形态，达到沟通的目的。

在计算机越来越普及的今天，很多人忽略了手绘的重要性，将所需掌握的技能全推给计算机，慢慢地使手绘和计算机成为对立面。出现这样的局面也实为尴尬，在这个科技发达的时代，我们不能一味地选择计算机，或者一味地选择手绘，而是需要结合两者的长处，并将各自的优势相互融合。

市面上有很多产品手绘类的教程，效果图技法讲解较详细，可以让读者了解整个产品的绘制过程。而本书更多是介绍设计的初步过程，讲解从头脑风暴的创意草图到产品定稿线框图的演变过程，比较适合做造型设计方案的读者使用，可使读者从中学习如何从基本元素寻找创意造型。本书不是"画册"，而是一本奉献给产品设计专业学生和设计师朋友们的专业性基础教材，是一本蕴含专业教师和学生成果的基础性教材，是一本具有独特视角的手绘教程。

在本书的撰写过程中，特别要感谢我的学生们，他们给予我很多灵感和启发，也给予我很大支持。书中选用了王培宇、杨智滨、杨伟喜等同学的习作和设计草图，部分图例引用了刘传凯、清水吉治等大师的作品，在此一并向他们表示由衷的感谢。

由于作者学识和水平有限，本书虽几经修改，但仍难免存在不足之处，恳请同行专家和广大读者批评指正。

著　者

李筠

　　河北石家庄人，陕西科技大学设计艺术学（工业设计）硕士研究生，现任长江师范学院美术学院产品设计系主任。在《装饰》《文艺研究》《美术观察》等期刊和杂志上发表论文（作品）30余篇（幅）；主持教育部人文社科项目1项，主持、参研重庆市/区/校级科研、教改项目10余项，编写了《速写》《产品设计制图（含习题集）》等教材。

Contents 目 录

第1章 工业产品设计 ·· 1
   1.1 工业设计的概念 ·· 1
   1.2 设计师需要掌握的基本技能 ···································· 2
   1.3 产品设计的基本流程 ·· 3
   1.4 产品手绘与计算机辅助设计的关系 ······························ 4

第2章 产品设计手绘概述 ·· 7
   2.1 产品设计手绘的意义和作用 ···································· 7
   2.2 产品设计手绘的绘制原则 ···································· 11
   2.3 产品设计手绘的构成要素 ···································· 12

第3章 产品设计手绘技法 ·· **14**
   3.1 产品设计手绘的工具 ·· 14
   3.2 产品设计手绘的表现形式 ···································· 22
   3.3 线 ·· 28
   3.4 透视基础 ·· 32
   3.5 投影 ·· 42
   3.6 版面 ·· 46

第4章 产品造型手绘推敲 ·· **53**
   4.1 几何形体 ·· 53
   4.2 造型推敲 ·· 58
   4.3 形态仿生推敲 ·· 60

第5章　产品设计手绘步骤 ·· 63
　　5.1　工具箱 ··· 63
　　5.2　水壶和茶杯 ··· 65
　　5.3　车 ·· 67
　　5.4　车载咖啡机 ··· 69
　　5.5　户外拖鞋 ·· 72

第6章　作品赏析 ·· 77

参考文献 ··· 160

第1章 工业产品设计

本章介绍工业设计的概念、工业产品设计师需要掌握的基本技能、设计的基本流程、产品手绘与计算机绘图的关系,告诉正在学习或者将要学习产品速写的读者,手绘是表达产品创意的关键一步,也是与客户及时沟通的工具。计算机辅助设计具有真实性和易保存的特点,但是在表达创意和及时沟通方面却远远不及手绘。

1.1 工业设计的概念

2015年10月,国际工业设计协会在韩国召开的第29届年度大会上对工业设计的概念做了最新定义:工业设计旨在引导创新、促发商业成功及提供更好质量的生活,是一种将策略性解决问题的过程应用于产品、系统、服务及体验的设计活动。它是一种跨学科的专业,将创新、技术、商业、研究及消费者紧密联系在一起,共同进行创造性活动并将需解决的问题、提出的解决方案进行可视化,重新解构问题,并将其作为建立更好的产品、系统、服务、体验或商业网络的机会,提供新的价值以及竞争优势。(工业)设计是通过其输出物对社会、经济、环境及伦理方面问题的回应,旨在创造一个更美好的世界。

20世纪80年代工业设计引入我国,经过30多年的发展,逐渐被企业和政府重视。很多学校开设了工业设计专业(图1-1),政府积极促进学校与企业合作,出台了一系列促进和扶持的政策,帮助加快工业设计产业化的进程。同时企业也开设了工业设计部门,大力推动工业设计行业的发展。

图1-1 工业设计专业下的产品手绘课堂

1.2 设计师需要掌握的基本技能

企业或者公司对于工业产品设计师的要求是非常全面的,从基本技能到软件操作,从自身修养到企业文化,无论从事哪方面的设计,都需要有丰富的想象力、敏锐的观察力、很强的表现力和丰富的表现手段,以及综合、系统地分析问题和解决问题的能力。具体要求如下:

(1)具备创造性地解决问题的能力。
(2)具备绘制草图和表达创意的能力。
(3)熟练操作二维和三维绘图软件。
(4)具备良好的口头表达能力。
(5)具备完整的知识结构和文化修养。
(6)熟悉产品的材料和生产工艺。
(7)能够把握从产品概念到市场推广的整套流程。
(8)具备良好的模型制作能力。
(9)具备高尚的情操和社会责任感。

1.3 产品设计的基本流程

产品设计的过程是从无到有，从构思到实现的过程。这一过程的表达，需要将一个形象从模糊的状态转变为清晰的状态，最终呈现在人们眼前。优秀的工业设计师应将构思和灵感从大概的形态转变为最终具体的细节和造型，以非常清晰流畅的设计表现图呈现在纸上，展示给观者、决策者、生产者和销售者等各类专业人员，并以此为基础进行沟通。因此，一个优秀的工业设计师除了具备上述基本能力之外，还要了解工业设计的程序和方法，以便清晰地表达设计理念。

新西兰工业设计协会主席道格拉斯·希思将一般设计程序分为六大步：确定问题；收集资料和信息；列出可能的方案；检验可能的方案；选择最优方案；实施方案（图1-2）。一般设计团队接到项目之后，首先进行市场调查，包括对产品、使用者、环境做基本的信息搜集和整理工作；其次，列出可能的方案，召集设计师集思广益，进行头脑风暴，通过设计草图初步确定方案，之后通过人机、外观、技术等方面检验方案的可行性；再次深入设计，讨论包括色彩搭配、细节推敲、结构完善等内容；最后通过手绘草图和三维建模呈现产品的方案。

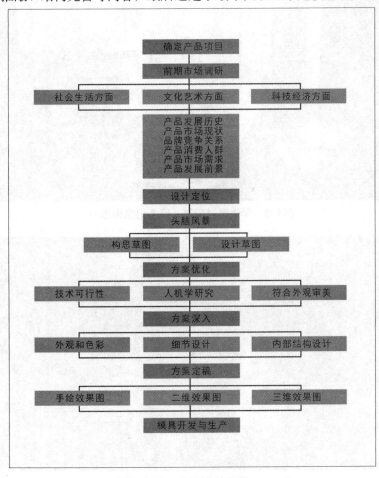

图1-2　产品设计流程

1.4　产品手绘与计算机辅助设计的关系

在计算机技术迅猛发展的今天，很多初学者都质疑：现在无论做什么事情都使用计算机、互联网了，原始的手绘图还有必要学习吗？答案当然是肯定的。很多学校呈现产品效果图时过分依赖计算机，觉得手绘表现太初级、太低端，这些都是错误的导向。传统手绘和计算机制图在本质上是一致的，都是用来表达产品，但是传统的手绘表现技法有着独特的效果和优势，在产品设计流程初期的头脑风暴和构思创意阶段尤为重要。采用原始的手绘作图方式可以更快速、更便捷地启发设计师灵感，能够直接传达设计师的创意和理念，同时能够表现出设计师的个性和风格。

在整个设计过程中，可以通过多种途径记录和表达想法，如便利贴、图表、流程图等。手绘的快捷性和便利性是计算机绘图方式不能替代的。例如，学生在进行头脑风暴时，一般会通过便签等随时记录想法（图1-3至图1-5）。

图1-3　学生通过便签、纸条记录构思一

图1-4　学生通过便签、纸条记录构思二

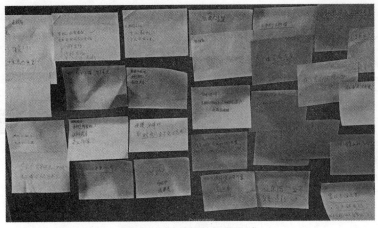

图1-5　通过便签记录灵感

我国著名设计教育家张福昌教授曾经这样说："要处理好现代手段和基本功的关系。"这里的基本功指的就是扎实的手绘能力。由此可见，传统手绘与计算机辅助设计是密不可分的，它们不是两个矛盾的个体，而是相融互补、合作互助的关系。在构思的初期可以使用传统手绘进行快速表达，在最终效果图的表现阶段可以使用计算机辅助设计，即结合两者的优势。

在计算机、互联网越来越普及的今天，初学者会不知不觉地陷入只学好软件就够了的误区，以为计算机可以完成一切工作。在今后的设计中就会发现，初期的方案都是以草图、手绘的方式进行构思表达，而方案确定了以后才会用计算机进行后期的效果图制作。

素描是美术的开始，手绘则是设计的开端。高中时期的素描训练对手绘学习会有很大帮助，但素描和手绘还是有区别。因此，学生一旦选择了产品设计专业之后，就有必要进行专业的手绘训练，提高创意能力（图1-6和图1-7）。

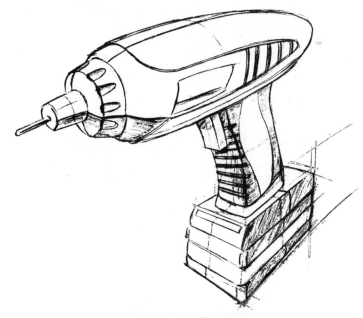

图1-6　《电钻》张雨

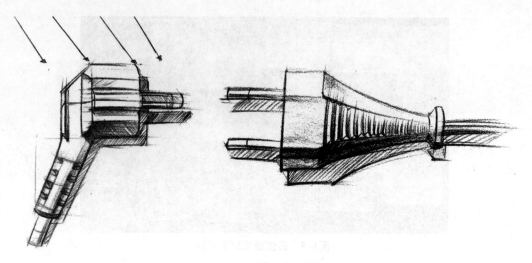

图1-7　《电源插头》杨智滨

思考题

1. 工业设计的最新概念是什么？
2. 产品手绘在产品设计过程中的地位是怎样的？
3. 产品手绘和计算机辅助设计的区别与联系是什么？

第2章
产品设计手绘概述

本章简要介绍产品设计手绘在产品设计行业内的意义和作用,以及产品手绘的绘制原则和构成要素,明确产品设计手绘与纯绘画之间的区别和联系,让初学者了解产品设计手绘是表达构思、展示使用方式、体现个性的渠道,并且需要有良好的创意,掌握正确的透视关系和明暗关系表达能力。

2.1 产品设计手绘的意义和作用

产品设计手绘也称为产品设计表现图,是产品设计整体工程图纸中的一种,能通过绘画手段直观而形象地表达设计师的构思意图和最终效果。它既是表达产品设计意图的一种表现形式,也是设计师表达思想的一种媒介,还是传达设计师感情以及体现艺术设计构思的一种视觉语言。它具有鲜明的形体结构,因而也是最为常见且方便有效的表现形式。

产品设计手绘的作用主要是表达设计师的设计思想,并把这种思想通过创作过程真实地展现出来,使观众通过手绘作品感受设计内涵和设计风格,进而分析、研究设计方案的可行性和价值。其主要作用体现在以下几个方面。

1. 表达设计师的构思

在产品设计流程过程中,在方案定稿之前,各个阶段的论证和规划均可以通过手绘的方式体现设计师的设计思想和思考,为下一阶段的表现奠定基础(图2-1)。

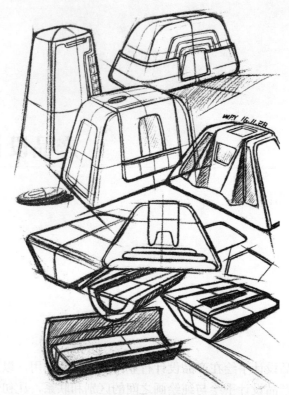

图2-1　《基本形体联想推敲》王培宇

2. 表现产品的使用功能和展示效果

产品设计手绘最终目的是要得到决策人的认可，而手绘图的细节表达、材料展示以及使用状态展示都是得到最终认可的关键（图2-2）。因此，产品手绘图在表达过程中需体现出产品的使用功能和展示效果，使人容易理解和接受。

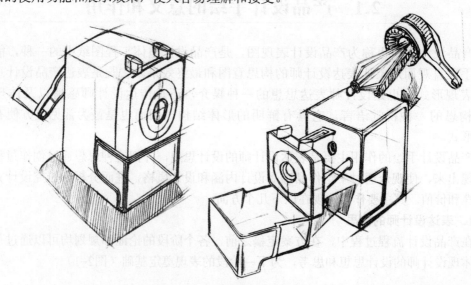

图2-2　《削笔器爆炸图》张雨

3．体现设计师的个性

产品设计手绘大多简练、快速、生动，尽管设计师使用的笔、纸不同，艺术手法和展示的风格也不同，但无论哪种表达方式，都能够体现出设计师的个性和艺术特色。图2-3所示作品，线条大气流畅，凸显车的流线特点。图2-4所示作品，线条严谨，产品结构清晰。图2-5所示作品，用炭笔绘制，线条粗犷。

图2-3 《车》杨智滨

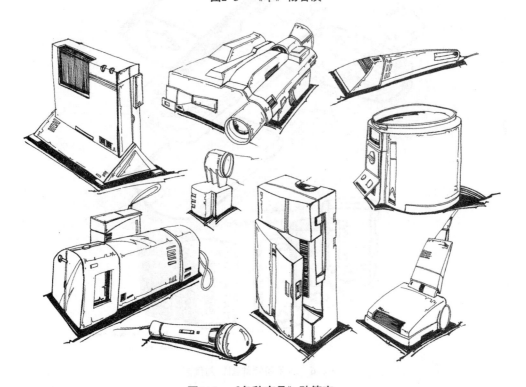

图2-4 《各种产品》孙德安

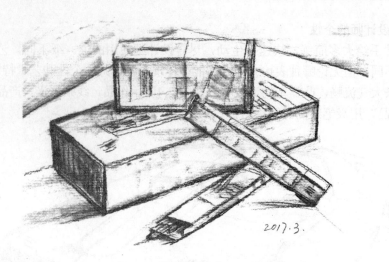

图2-5 《方体静物练习》李筠

4. 为手板制作提供有力依据

产品手绘图能够为今后的手板制作提供有力依据,根据图纸检查外观、结构、功能是否合理等,可以节约成本、减少浪费、完善设计,是未来产品生产的有力保障(图2-6)。

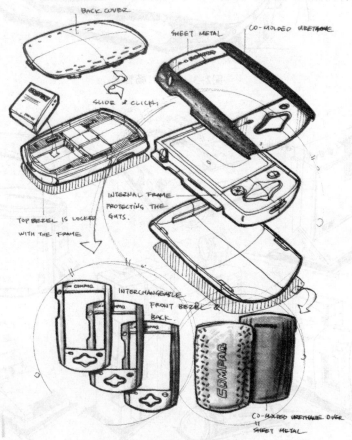

图2-6 《手机爆炸图》刘传凯

2.2 产品设计手绘的绘制原则

在产品设计手绘中,无论采用哪种表现形式,都应遵循"四项基本原则",即真实性、科学性、实用性、艺术性。

1. 真实性

产品设计手绘必须符合产品设计"整体效果"的视觉真实性。如产品体量与比例、尺度等,在立体造型、材料质感、外观色彩等诸多方面都必须符合设计师所设计的效果和理念。

真实性是产品设计手绘的核心,不能随心所欲地改变尺寸和功能,或者完全脱离设计构思而重新绘制产品,不能一味地追求"艺术效果"而错误地表达设计意图。因为设计手绘图具有说明性,而这种说明性就寓于其真实性中,决策者大都从手绘图上领略产品完成后的最终效果。

2. 科学性

为保证产品手绘图的真实性,须科学严谨地对待每一个环节。无论是起稿、作图还是光影、色彩处理都需要严格遵循客观规律。透视学和色彩学是手绘应遵循的基本的作图规范,手绘练习的过程通常是先苦后甜,但很多初学者不能静下心来练习透视和研究光影关系,急功近利,还没掌握科学规律就自由发挥,想创造性地表达产品,其结果往往是欲速则不达。

科学性既是一种态度也是一种方法。透视和阴影的概念是科学;光与色的变化规律是科学;结构形态比例的判定、构图的均衡、色彩的把握、绘图材料与工具的选择都是科学。因此,产品设计手绘的科学性涉及整个流程的每个环节。

3. 实用性

产品设计手绘的根本目的是用设计指导实践,不是纯绘画,如果抛开其实用性就会失去产品设计手绘的根基,而产品设计手绘的实用性又与真实性和科学性密不可分。设计手绘的实用性本质,决定了其必须具有强烈的说明性作用。

4. 艺术性

产品设计手绘图既是一种科学性、说明性较强的图纸,也是体现设计师个性的艺术作品。完美的线条、简洁的色彩都充分显示了一幅精彩手绘图所具有的艺术魅力。这种艺术魅力必须建立在真实性、科学性、实用性的基础上,也建立在造型艺术严格训练的基础上。

素描、色彩、速写训练的方法、技巧对产品设计手绘学习有很大的影响。最佳的表现角度、真实前提下的取舍、光影关系等都是在真实基础上的艺术创造,也是对设计自身的进一步深化。

综上所述,每一幅优秀的产品设计手绘图都应该遵循以上"四项基本原则"。正确认识和理解"四项基本原则"的相互作用与关系,在不同情况下有所侧重地发挥它们的效能,对我们学习、绘制设计手绘图都是至关重要的。

2.3 产品设计手绘的构成要素

1. 优秀的创意是产品设计手绘的灵魂

设计师无论采用哪种技法和手段，无论采用哪种绘画形式，画面所塑造的结构、形态、光影都是围绕设计立意与构思进行的。无论设计师的徒手草图还是透视表现图，或多或少都是为体现"创意"而展开的。设计师在绘图过程中，往往着重于表达画面的构图、色彩以及线条的刻画，而忽略了设计原本的创意，缺少创意的手绘图就像失去了灵魂，不能准确传达设计师的情感和想法。因此，正确表达设计的创意和构思是设计者学习手绘图首先要明确和重视的问题（图2-7）。

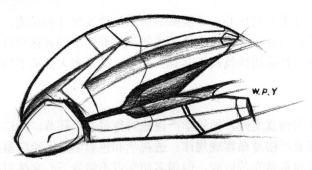

图2-7 《未来摩托车》王培宇

2. 准确的透视是产品设计手绘的骨架

设计师无论表达什么产品，均需要在准确的透视关系内进行刻画，违背透视规律的手绘图，在形体和人的视觉平衡上都格格不入，同时画面失真，也就失去了美感基础。因此，必须掌握透视规律，并应用其法则处理各种形象，使画面的形体结构准确、真实、严谨、稳定（图2-8）。

在进行透视学习时，不仅要以正方体多做感觉性的速写训练，更要对圆的透视多加学习，以便更加准确、便捷地搭起画面骨架。

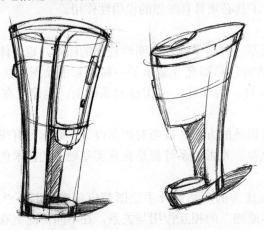

图2-8 《咖啡机》杨智滨

3. 明暗关系是产品设计手绘的血肉

在透视关系表达准确的基础上赋予恰当的明暗与色彩，可以完整地体现一个具有灵魂且有血有肉的产品形体。在平时训练时，要注重明暗基本关系的表达，注重明暗感觉与心理感觉的关系，注重各种工具的灵活运用（图2-9）。

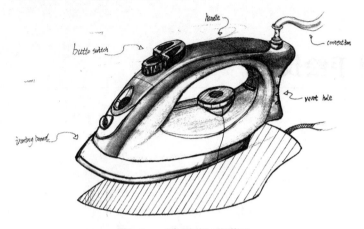

图2-9 《电熨斗》张蔚云

以上三点是产品设计手绘的基本构成要素，三者缺一不可。在练习中通常在后两点的基础上，表达产品创意，体现设计师个性和风格，赋予手绘以生命，如此才能称之为完整的产品设计手绘。

思考题

1. 产品设计手绘的意义、作用分别是什么？
2. 产品设计手绘的绘制原则、构成要素分别是什么？
3. 产品设计手绘与纯绘画的区别是什么？

第3章
产品设计手绘技法

本章透过产品设计手绘涉及的一些基础技巧，并通过介绍从工具到基本线条，从透视基础到投影原理，从排版布局到细节表达等内容，使读者了解在进行手绘训练时应该把握的基本技巧和基础技能。

3.1 产品设计手绘的工具

"工欲善其事，必先利其器。"设计师在进行手绘之前必须选择合适的绘画工具和绘画材料。一般来说，不同的绘画材料能够表达不同的效果，每种绘画材料都有其擅长的表达优势和特点。对于初学者而言，需要了解每种绘画材料的性能和特点，并能综合运用其特点。发挥每种材料的优势，运用到自己的作品中，是设计师应掌握的一项职业技能。

3.1.1 笔

笔是供书写和绘画的工具。在产品设计手绘图中，笔的种类非常多，有圆珠笔、钢笔、铅笔、针管笔、马克笔、水彩笔、水粉笔等。下面介绍几类草图绘制过程中常用的画笔类型。

1. 铅笔

在产品设计手绘草图中，铅笔是初学者经常使用的一种画笔，其主要成分是炭和胶泥，胶泥含量的多少决定了铅笔的软硬程度。一般来说，铅笔按照硬度可分为13个等级，从硬到软分别为6H、5H、4H、3H、2H、H、HB、B、2B、3B、4B、5B、6B。

铅笔绘制的线条最为丰富，可以产生厚实、轻快、流畅等效果，也可以利用虚实变化表达层次感和明暗关系，这是最常用的表现方式（图3-1）。

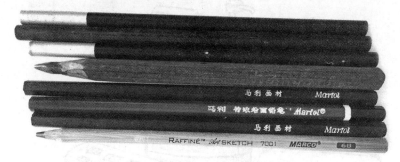

图3-1　铅笔

在实际绘画之前，铅笔一般要削尖，并且笔芯露出木材部分6～8 mm，呈圆锥状，如图3-2所示。有时候也会把铅笔削成扁头状（图3-3），在绘画过程中可以垂直、倾斜绘制处理不同的线条，增强铅笔的表现力。扁头铅笔不仅可以画细线，而且能够表现面，因此特别适合大面积的明暗层次处理。将笔头斜面均匀地压在纸面上，可以画出一段宽度、色调一致的线段（图3-4）。图3-5是炭笔绘制的，适合表达明暗关系；图3-6是铅笔绘制的，能够表达产品结构和明暗。

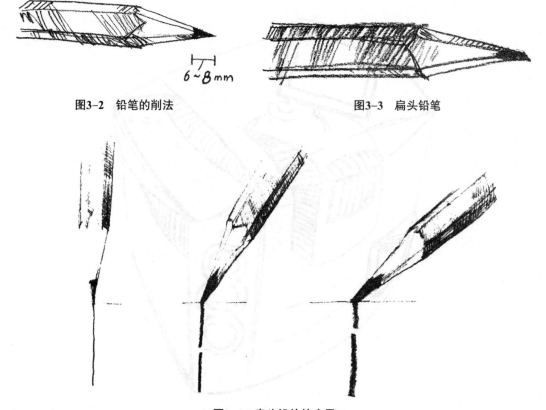

图3-2　铅笔的削法　　　　　　　**图3-3　扁头铅笔**

图3-4　扁头铅笔的应用

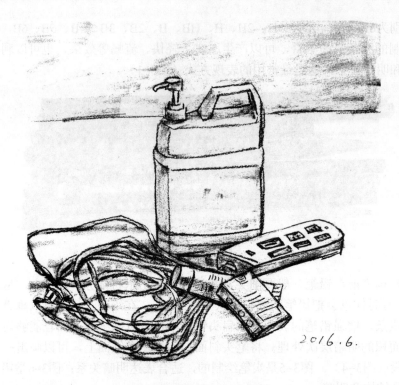

图3-5 炭笔的应用 李筠

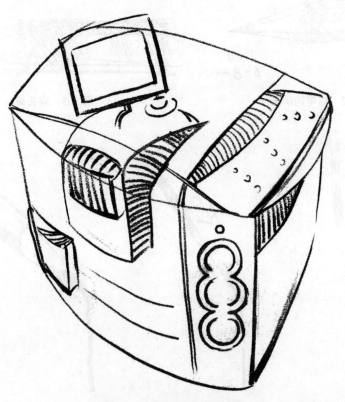

图3-6 铅笔的应用 焦婷宇

2. 钢笔

钢笔是手绘中常用的一种笔，笔尖的粗细也可以使图纸线条变化丰富。钢笔笔尖由粗到细分别为B、M、F、EF。

与铅笔相比，钢笔的表现难度较大。首先，钢笔的笔触无法修改，只能叠加。设计师在使用钢笔进行绘画时，必须心中有数，一气呵成。虽然线条有力，但无法像铅笔一样可以通过深浅丰富层次。其次，钢笔墨水笔触会和白色纸张形成强烈对比，产生的视觉效果比铅笔作画要强一些，并且钢笔不易褪色，保存时间较长。

美工笔、签字笔、圆珠笔、蘸水笔和钢笔都具有相同的特性，仅在笔尖上有些区别（图3-7和图3-8）。

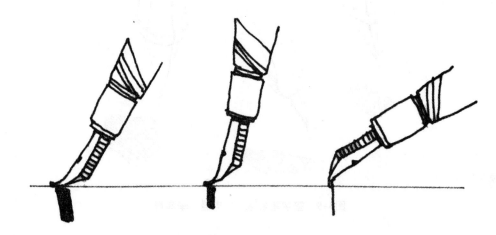

图3-7 美工笔的各种使用方式

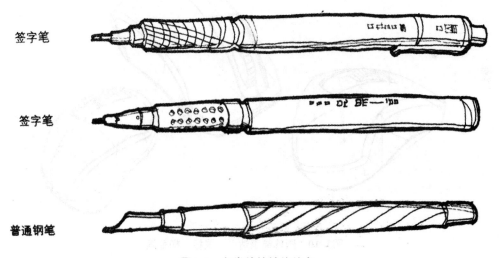

图3-8 各类笔的性能特点

签字笔携带方便，干净，可更换笔芯，但只能绘制一种粗细的线条，变化较少（图3-9）。钢笔与签字笔相似，目前普通钢笔有被签字笔取代的趋势。圆珠笔表达产品也有别样的风格，由于笔触很细，因此明暗关系需通过线条的叠加进行表达（图3-10）。

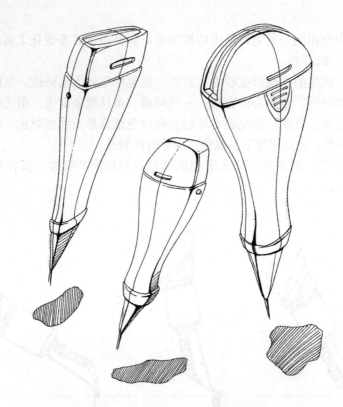

图3-9 签字笔表达——电器 李南青

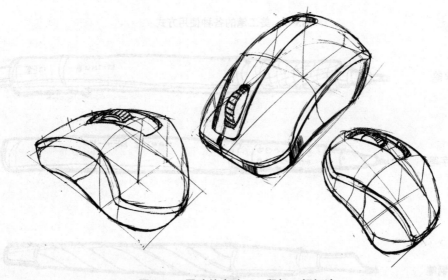

图3-10 圆珠笔表达——鼠标 杨智滨

3. 马克笔

  马克笔是产品设计手绘常用笔，一般分为油性马克笔和水性马克笔两类。油性马克笔不溶于水，但能溶于酒精，当笔墨干掉时，用注射器吸取少量酒精注射到马克笔里，马克笔就可以继续用。水性马克笔比较清透，色彩稳固性好，不容易变色。油性马克笔可以在玻璃、塑料等材料上绘制,而水性马克笔不行。马克笔是一个编号对应一种颜色,不同品牌的同一编号颜色会有稍许色差。马克笔方便携带,在设计领域应用广泛。绘画过程中,可根据需要进行购买(图3-11和图3-12)。

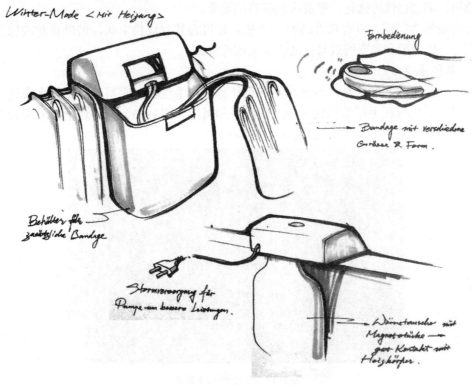

图3-11 马克笔的应用(1) 单荃

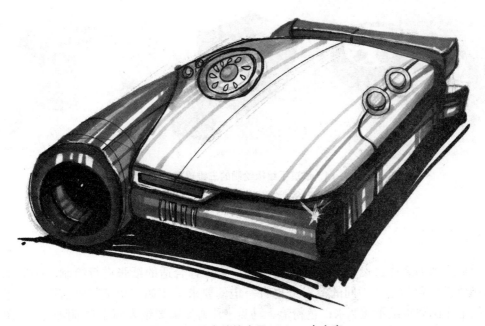

图3-12 马克笔的应用(2) 李南青

4. 彩色铅笔和彩色粉笔

彩色铅笔和彩色粉笔都是在确定好构思创意的基础上，进行后期效果的绘制时使用的。彩色铅笔有粉质和水溶性的，粉质彩铅硬且脆，适合线条的表达；水溶性彩铅可与水共同使用，笔触会慢慢融化，形成水彩颜料的效果。

彩色粉笔为粉质，可直接在画面上上色，也可将其刮成粉末状，借助棉花或棉签擦拭到画面上，形成柔和渐变的效果，适合大面积涂饰。

5. 其他画笔

由于计算机技术的普及，越来越多的设计师使用手绘板、手写笔等工具来表达产品创意和效果。手绘板和手写笔取代了传统的图版和画笔（图3-13），一块电子感应板和一支压感笔逐渐成为设计师的设计绘图工具（图3-14）。

图3-13 手绘板和手写笔

图3-14 通过手绘板绘制的三维建模 谭文韬

3.1.2 纸

纸是绘画的载体，设计师在进行速写前，要选择合适的纸张进行绘制。一般来说，纸的颜色以白色为佳，不同的笔对纸也有一定的要求。比如，铅笔作画需要有一定的质感；钢笔作画要求纸不能洇水；色粉笔、马克笔作画则需要纸表面非常细腻光滑（图3-15至图3-17）。

第3章 产品设计手绘技法

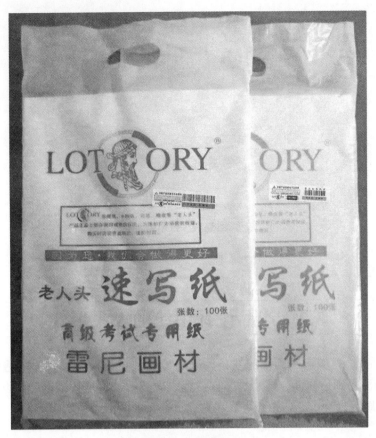

图3-15 速写纸

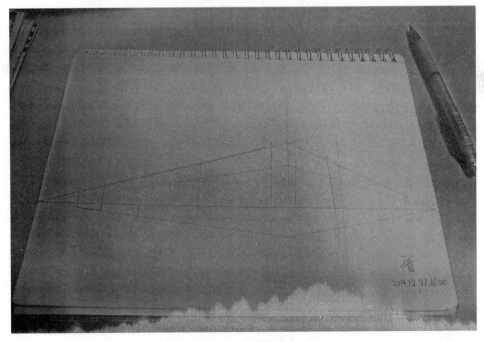

图3-16 速写本

图3-17 打印纸

3.2 产品设计手绘的表现形式

产品设计手绘一般运用简洁的线条,准确地表现形体,要求物体的透视、比例、结构准确,线条流畅到位。其方式多种多样,但"表达清楚"是关键。产品设计手绘的方法有:观察、理解与选择;抓住重点、表现重点;捕捉瞬间形态。

3.2.1 单线形式

单线形式以线为主,用线准确地表达形态的轮廓、质感等。线条简洁干净,没有重复用笔(图3-18)。可以运用线的长短、粗细、虚实、疏密来表现不同的效果。产品不同的部位用不同的线条来表现。对于初学者来说,使用这种方式来练习速写相对容易。画时要注意形体的结构和透视,可尝试从不同的角度去表现产品。

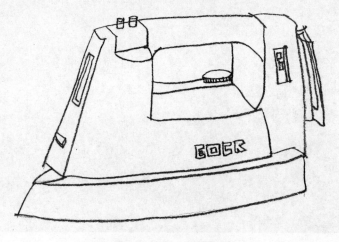

图3-18 单一线条表达

表现以理性为主,不能太夸张。形体刻画不能太单薄,要有东西可看。对于复杂物体,要抓住主要的结构,注意大的比例效果。线条要流畅、生动,切忌僵硬、死板,要避免碎笔与断笔。

单线形式适用于表现结构造型较为复杂的产品,结构复杂所用的线条较多,用此种形式会使产品的结构更加清晰、明了(图3-19)。

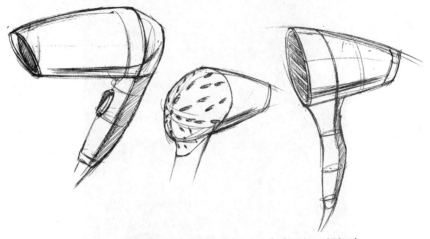

图3-19　粗细两种线条的混合表达——电吹风机　杨智滨

3.2.2　素描形式

素描形式是在单线速写的基础上用黑色或灰色加以明暗处理,以增加产品的体量感。该形式除可以保留单线勾画的效果外,还能表现出物体的光感、质感、空间感和层次感,具有韵味,画面生动而富有变化(图3-20)。素描速写是基于灰色调子的一种速写形式,可以适当地用线的变化来表现材质的质感和肌理效果。学习者在学习过程中掌握这种表达形式,把握光影关系,提高对素描的理解和操作能力,可为今后的速写学习打好基础。

图3-20　素描形式　梁洁

素描速写用明暗塑造的方式正确地概括出亮面、灰面和暗面，以处理亮调、灰调、明暗交界线、暗调和反光来达到光影在物体上的表现效果。在素描速写训练中，主要关注光和影相互之间的关系以及由此产生的黑白灰调子，把握明暗色调变化的节奏规律，增强立体观念和空间意识（图3-21和图3-22）。

图3-21　素描形式　万伟

图3-22　炭笔淡彩　杨贤艺

在素描速写中，明暗调子与层次主要是借助线条的组合与笔的深浅来表现的。钢笔、签字笔、针管笔是用线条的排布和疏密来处理明暗层次的（图3-23至图3-25）。

图3-23　线条排布疏密处理

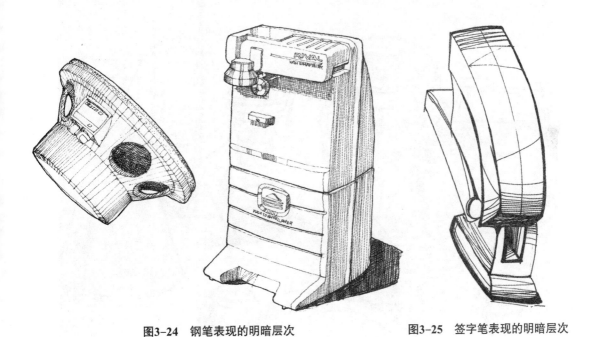

图3-24　钢笔表现的明暗层次　　　　　　图3-25　签字笔表现的明暗层次

在训练中，绘制中线和剖线可以更准确地表现产品（图3-26和图3-27）。

图3-26 结构素描 黄建洲

图3-27 结构素描 刘丹志

画面"碎"不可怕,怕的是不能发现问题,"碎"是初学者在深入阶段经常会犯的通病。深入阶段是以理性分析思考为主,不是凭直觉。因此,即使"碎"了,接下去还有一个调整阶段,此时要做加强减弱的处理,但不要在此阶段继续深入,而是去掉一些过于深入而破坏整体的东西。

3.2.3 着色形式

在前面的基础上,施以马克笔或其他表现方式,表现产品的色彩。在单线或略作明暗的基础上,施以概括性的色彩来表现产品的颜色倾向和色彩关系。

着色的工具和材料有钢笔、炭笔、马克笔、彩色铅笔、水溶性彩色铅笔(白色,表现较粗的材质)、色粉、水彩颜料等(图3-28)。

图3-28　《木纹耳机》

3.2.4 说明形式

说明形式的速写类似于视觉笔记或读书笔记,设计师可以随时记录想法。这样的速写形式对于设计师的设计积累来说非常重要,可以使设计师的思维更加敏捷。设计师可以通过透视图、使用状态图等方式传达产品的内容,包括配色、材质、结构以及使用方式等。例如,图3-29通过爆炸图的方式说明了耳机的结构;图3-30用各个角度的视图让观者看清楚了相机的结构。

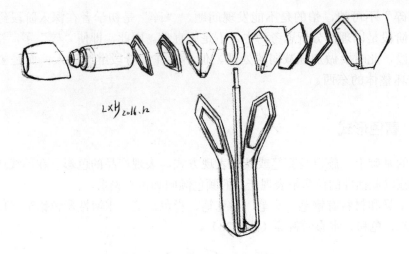

图3-29 《耳机爆炸图》雷小洪

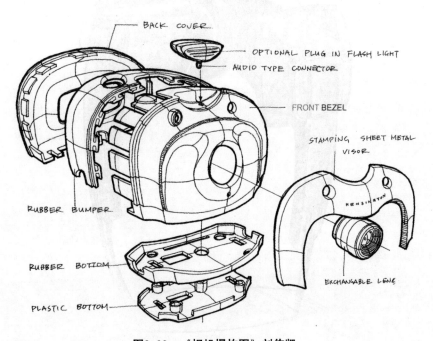

图3-30 《相机爆炸图》刘传凯

3.3 线

  线条是手绘的基础，是产品设计手绘图最基本的元素。线不受光影的约束，还能充分展示出物体的形态、质感和空间感。因此，线是在产品设计手绘中，初学者最先接触的。

  线的质量直接影响图纸的质量。熟练把握线条，是产品设计师应掌握的基本功。在初学阶段，线的训练是非常重要的一个环节，控制好线条的粗细、力度、转折、连断、虚实、顿挫等变化，能够增强手绘图的表现力和美感。

不同的笔，线条的表现力是不一样的。练习线条的方法有很多种，在绘制作品之前，可以采用定点的方法练习不同的线条，这样可以放松关节，随后画的东西也比较自然。

3.3.1 线的练习

在产品设计手绘训练时，画面中涉及最多的是直线（图3-31）和弧线（图3-32）。长线练习要注意控制方向，水平线和垂直线均以纸张的边线为衡量标准。

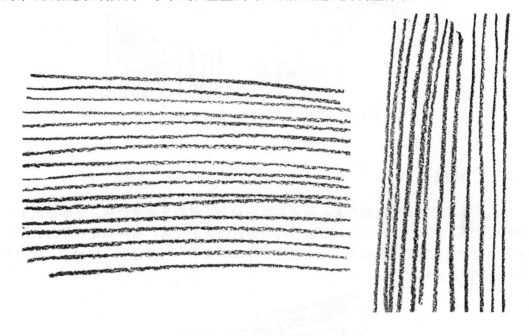

图3-31 直线练习

图3-32 弧线和圆练习

为了准确把握线条的方向和质量，练习中可以先定点，然后找点的连线，迅速连接，过程中眼睛不要随笔尖移动，还要有意识地控制线条的轻重变化，将产品的体积感和虚实感处理到位。

排线主要在形体块面中制造明暗层次，通过排线的多样变化以表现物体的立体感。因此，要掌握排线的疏密、粗细、交叉、重叠和方向变化所产生的画面美感，可以针对回形纹、基本体、蜘蛛线进行练习（图3-33）。

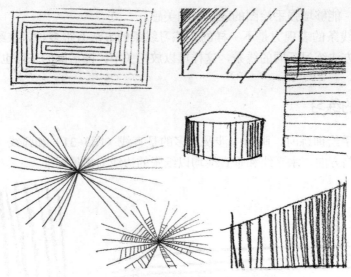

图3-33 回形线、疏密排线、蜘蛛线练习

3.3.2 线稿

线条是撑起完整手绘图的骨架,可通过线的轻重、虚实来表现产品。一般情况下,产品的轮廓线、结构线、分模线、标志等都要通过线条来表达。图3-34是剃须刀的线框图,其中包含了几种不同的线型,每种线型在绘制时都有一定的区别,如粗细、轻重等(图3-35和图3-36)。

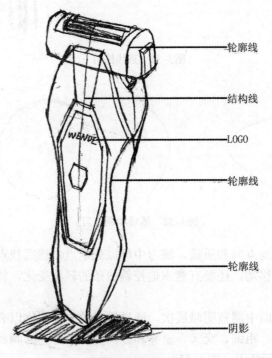

图3-34 剃须刀线稿

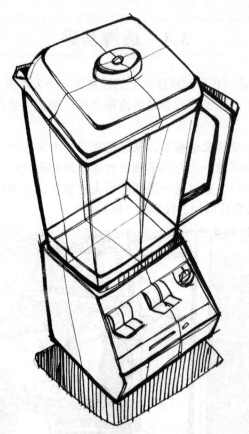

图3-35 搅拌机线稿 赵晨伊

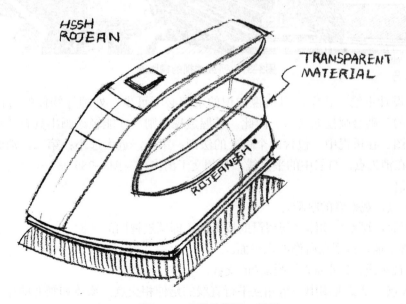

图3-36 电熨斗线稿 吴杨

3.4 透视基础

透视（Perspective）是指在平面或曲面上描绘物体空间关系的方法，是美术基础的一个重点。产品手绘画得好坏，除了看线条是否流畅之外，透视关系是否准确也是绘制手绘图的一个重要前提。

通常所说的透视指的是狭义透视学。狭义透视学有时又称焦点透视，顾名思义，是指以一只眼睛为焦点，以固定的一个方向去观察物体。最初研究透视时，研究者把透明玻璃板放在眼睛正前方作为画板，通过这个透明画板去看景物，并依样在平面玻璃上把立体形状描绘下来，用这个方法最后得到透视形体（图3-37）。

图3-37 研究透视的铜版画

在产品设计手绘表达中，对透视知识的了解必不可少，处理好物体的透视关系是设计师应具备的基础绘画技能之一。因此，掌握透视法则，才能轻松画出具有合理透视关系的产品效果图。在透视中，包含两个重要的法则：第一，近大远小；第二，消失点。有透视，必然存在消失点，自然中的平行线，都相交于消失点（图3-38）。

透视术语：

E——视点，观察者的眼睛。

P——画面，视点与物体之间假设的投影面，即画透视图的平面。

H——视平面，过视点所作的水平面。

HL——视平线，视平面H与画面P的交线。

F——灭点，是透视图中一组相互平行直线的延伸相交点。物体和画面的相对位置发生变化，使物体长、宽、高三组主要方向的轮廓线与画面或平行或相交。与画面相交的轮廓线，在透视图中有灭点，与画面平行的轮廓线在透视图中没有灭点。

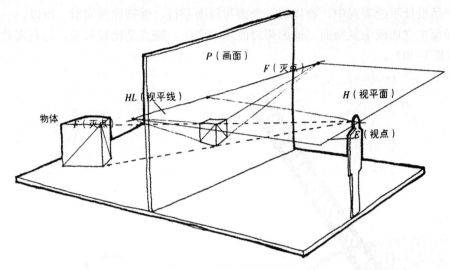

图3-38 透视空间的形成

由视点引向物体的某一点,视点和该点的连线,即视线必定和画面相交于一点。如果将视点和物体上的各点相连,那么在画面上将出现很多交点,连接这些交点,在画面上就表现为物体的三维图像。因此,从几何学意义上说,透视图就是求直线与平面交点的几何问题。

3.4.1 一点透视

一点透视又叫平行透视,是透视学中最简单的一种透视。一点透视有一个灭点。如图3-39所示,方体与画纸、地面平行,方体的三组棱线中,有两组与视线呈垂直或平行状态,另一组则消失于灭点。

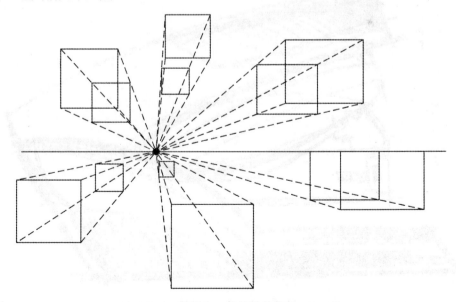

图3-39 一点透视成像图

在产品设计手绘表现中,物体的一个面与画面平行,保持比例实形。所以,一点透视多用来表现主立面较为复杂而其他面相对简单的产品,缺点是比较呆板,与真实效果有一定距离(图3-40)。

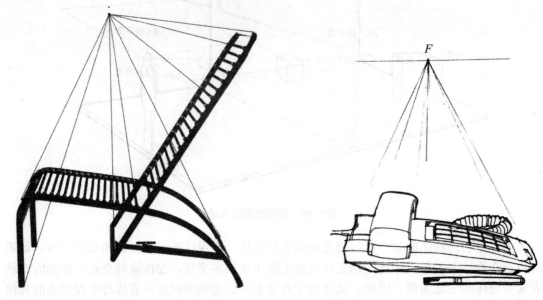

图3-40　产品设计手绘一点透视

一点透视在产品手绘表现中,整个画面显得拘谨、死板。订书机(图3-41)、电吹风(图3-42)都用一点透视的效果直观地展示外形轮廓和造型。但是在很多商场的展示柜台上,像鞋子等商品更多是以侧面来向顾客展示。专卖店里的鞋多是侧面展示,消费者试穿时也都在用侧面照镜子,因为鞋的侧面是最能体现其特点的。

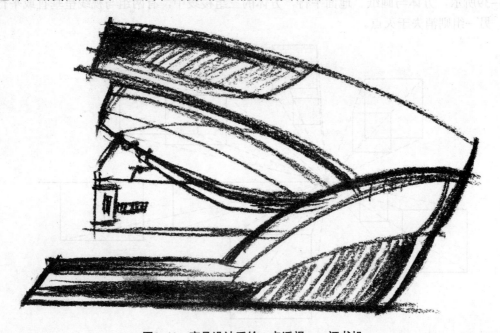

图3-41　产品设计手绘一点透视——订书机

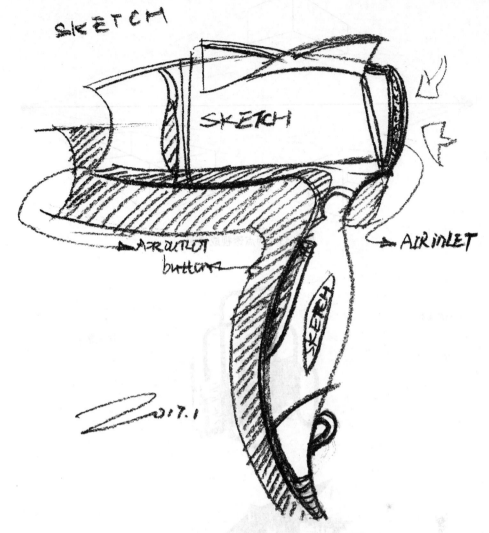

图3-42 产品设计手绘一点透视——电吹风

3.4.2 两点透视

两点透视也称为"成角透视"。当物体的主体与画面成一定角度时,各个面的各条平行线向两个方向消失在视平线上,且产生出两个消失点的透视现象就是成角透视。这种透视表现的立体感强,是一种非常实用的透视方法。

在产品设计手绘中,两点透视的画面效果比较自由活泼,反映出的物体接近人的真实感觉,缺点是角度选择不好的话容易产生变形。但是在手绘表现中,这种透视方式用得最多,表现力较强(图3-43)。

在进行两点透视成像练习时,首先应该在视平线上定好左右两个灭点,在画透视小方块时,脑和手同时进行记忆,以增强对透视的敏感度(图3-44至图3-47)。

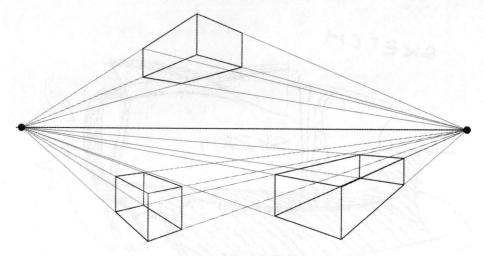

图3-43 两点透视成像图

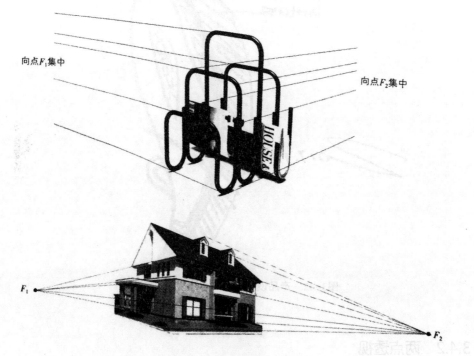

向点F_1集中　　　　　　　　　　　　　向点F_2集中

图3-44 两点透视的特点

图3-45 工业产品的两点透视

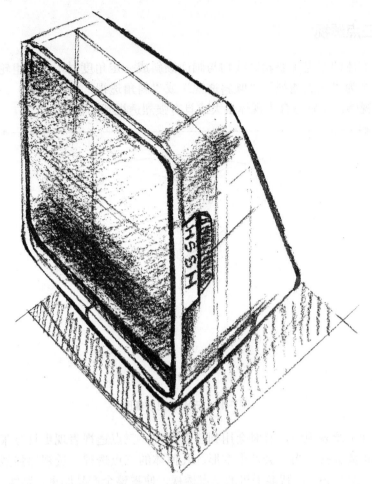

图3-46 产品设计手绘两点透视——显示器

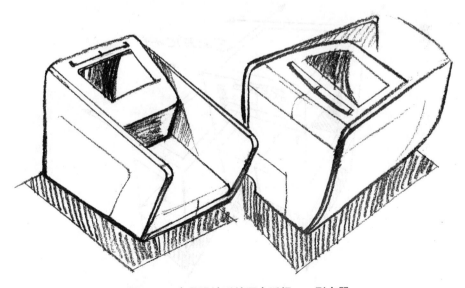

图3-47 产品设计手绘两点透视——刷卡器

3.4.3 三点透视

当组成立方体的三组主要轮廓线均与画面倾斜成一定角度时,这三组轮廓线各有一个灭点,因此称之为"三点透视""倾斜透视"或"斜角透视"(图3-48)。这种透视方法具有强烈的透视感,特别适合表现体量大或具有强烈透视感的物体。

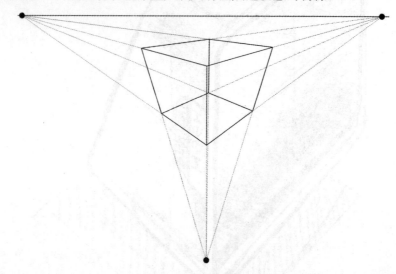

图3-48 三点透视成像图

在产品设计手绘表现中,有时会用到三点透视,三点透视表现更具夸张性和戏剧性,但如果角度和距离选择不当,会产生变形。几何体的三点透视,透视感强烈,可展现出产品的局部特写(图3-49)。智能手机的三点透视,使得整个产品厚重、踏实(图3-50)。

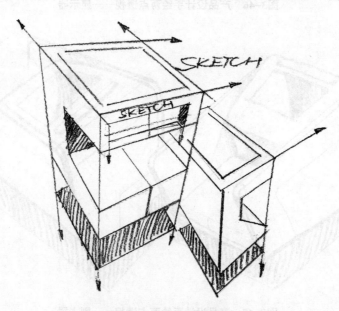

图3-49 几何体三点透视

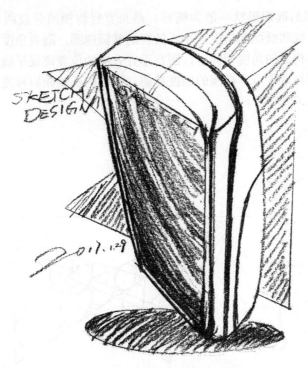

图3-50 智能手机的三点透视

3.4.4 圆的透视

圆的透视基本形状为椭圆,随着透视的状态不同而呈现不同的变化。画透视圆形时,弧线要均匀自然,尤其是两端。平行于画面的圆的透视仍为正圆,只是有近大远小的变化(图3-51)。

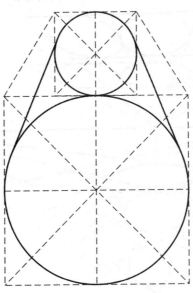

图3-51 平行于画面的圆的透视

垂直于画面的圆的透视形状一般为椭圆。最长直径将椭圆分成两部分，近的部分略大，远的部分略小。圆和画面的角度越小，透视的椭圆越圆，随着角度的增加，圆的角度越来越弱。圆和画面构成的角度相同时，圆在垂直方向的位置离视平线越远，圆的圆度越弱，圆在水平方向越接近灭点，椭圆的圆度越弱。椭圆的长轴倾斜程度及方向随着圆的空间位置的不同而变化（图3-52）。

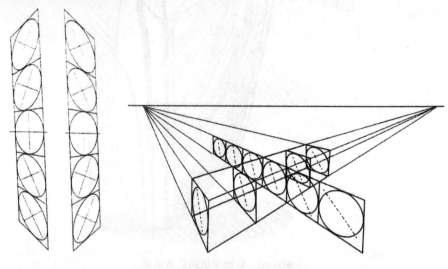

图3-52 垂直于画面的圆的透视

椭圆的形状随着圆与视平线和主垂线距离的不同而变化。椭圆在垂直方向越接近视平线、圆度越弱；横向越远离主垂线、圆度越弱。椭圆的中心在主垂线上时，短轴是垂直的；水平横向移动时，短轴是倾斜的；在视平线下方主垂线右侧，短轴向右倾斜，在主垂线左侧，向左倾斜；在视平线上方则相反（图3-53）。

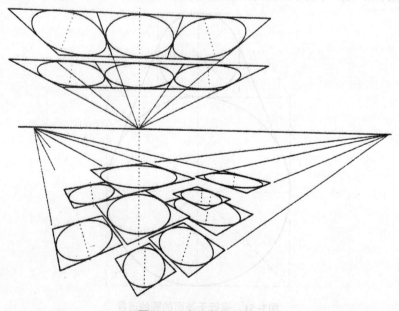

图3-53 水平圆的透视

在实际应用过程中,大多数人都是采用徒手画圆的方式进行(图3-54和图3-55),须把握以下要领:

(1)凡水平圆,圆面两端连线始终水平。
(2)水平圆左右始终对称。
(3)左右两端转角始终为圆角,绝对不能画成尖角。
(4)前半圆略大于后半圆。
(5)离视平线越近,圆面越窄,反之越宽。
(6)画圆形需运笔平稳、顺畅,可分左右两半完成。

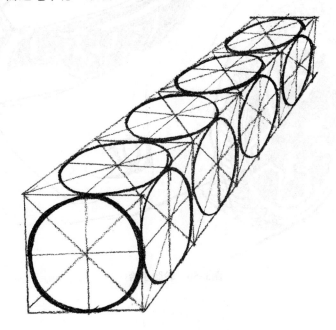

图3-54 透视圆的徒手练习

图3-55 椭圆的徒手练习

在圆的训练中可以从汽车轮胎或者轮毂的不同角度进行写生练习（图3-56），增强对圆的透视能力的把握。

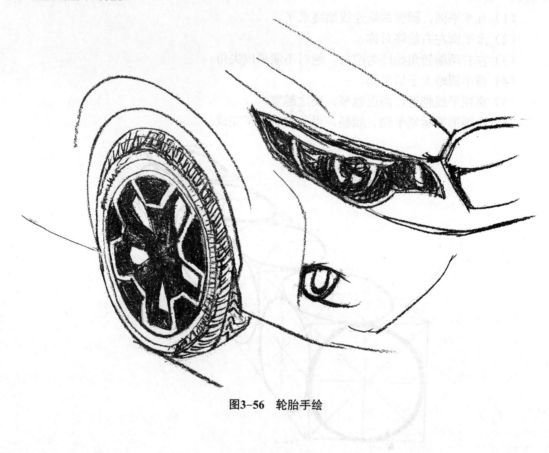

图3-56 轮胎手绘

3.5 投影

投影（Shadow）是指用一组光线将物体的形状投射到一个平面上。在该平面上得到的图像称为"投影"。

3.5.1 投影原理

在日常生活中，人们可以看到在太阳光和灯光的照射下，地面或者墙壁上会产生物体的影子，这就是一种投影现象，投影法就是根据这一现象经过科学的抽象，将物体表示在平面上的方法。照射的光线叫作投影线。投影所在的平面叫作投影面，有时光线是一组互相平行的射线，比如太阳光或者探照灯光束的光线，这样的平行光线形成的投影是平行投影（图3-57）。由一点光源发出的投影叫作中心投影，其投影线相交于光源。投影线垂直于投影面产生的投影叫作正投影（图3-58）。投影线与投影面相倾斜所产生的投影叫作斜投影（图3-59）。物体投影的形状、大小与其相对于投影面的位置和角度有关。

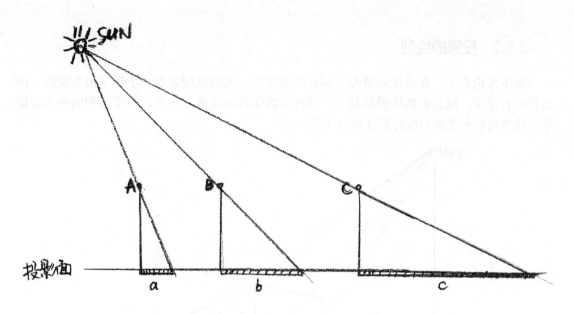

图3-57　投影示意图

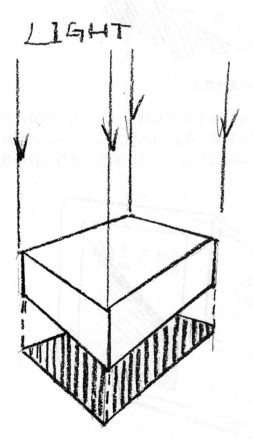

图3-58　平行投影示意图一

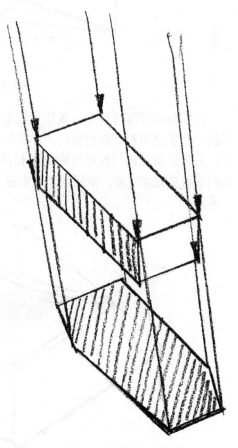

图3-59　平行投影示意图二

3.5.2 投影的绘制

物体无论大小，在有光的情况下都会产生投影，大到机械设备，小到一根头发丝。但是投影有虚实，越靠近物体投影越重，越远离物体投影越淡。另外，投影面积的大小需根据产品的轮廓和光源的投射角度画出（图3-60）。

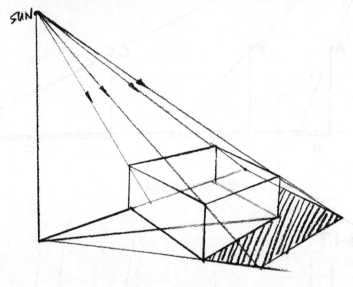

图3-60　方体投影示意图

在实际的训练过程中，投影的绘制非常重要，也是美术基础上很重要的一部分，有投影的产品手绘图和没有投影的产品手绘图有很大区别。图3-61和图3-62就是一组产品线稿图，分别是没有进行投影处理的图和进行了投影处理的图。两张图相比，进行过投影处理的图显得更充实稳重，空间效果也更强。

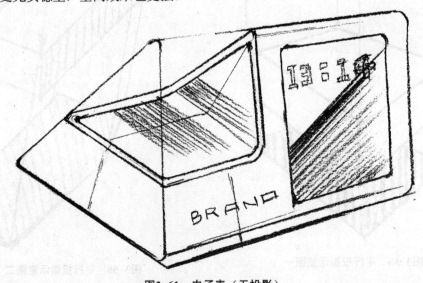

图3-61　电子表（无投影）

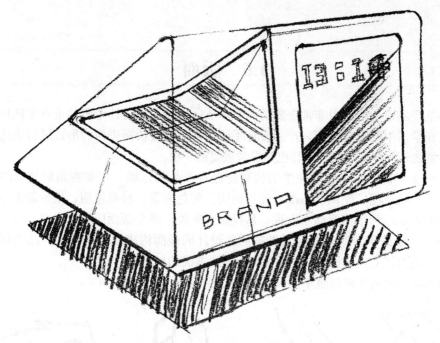

图3-62 电子表(有投影)

大部分产品的投影是根据产品的大致形态而确定的,但有时也会用与产品完全不同的形态来表达投影,可以使画面气氛轻松,增加趣味性。图3-63的飞机就用了和产品一样形态的投影。

图3-63 《飞机》张雨

3.6 版面

排版是产品设计手绘中非常重要的一个环节,也是产品设计考研的重点考试科目,由此可见它在学习中的重要程度。产品设计手绘通常是通过快题创作的形式进行表达,内容上除了创意之外,整个版面的设计也是非常重要的一项。

从内容上来说,一个相对完整的快题应包含产品的标题、主要视角的效果图、细节图、爆炸图、三视图、使用状态图、设计说明、配色方案、材料说明、指示箭头等。这些因素在平时训练过程中需要高度重视。从排版上来说,整个版面应重点突出、用色准确、主次分明、图示清晰,这些能让观者按照你设计的版面构成顺序来理解产品的创意和内涵,从而达到内容上环环相扣、创意突出、表达准确的目的。

快题表达中的箭头可以是单箭头、双箭头等多种形式(图3-64)。

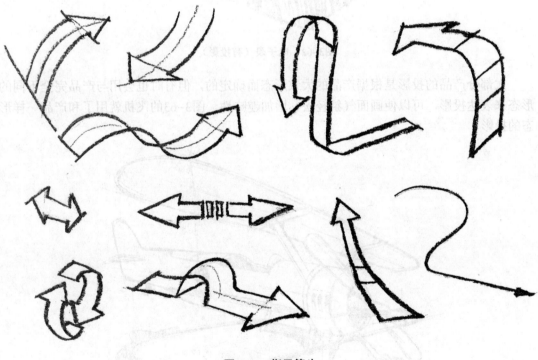

图3-64 指示箭头

3.6.1 版面样式

在快题表达中,版面的样式也需体现产品的主题,包括其内容、形式等(图3-65)。

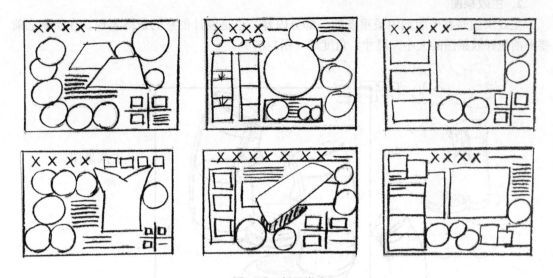

图3-65 版面样式

3.6.2 版面要求

1. 标题

标题是产品设计快题表现时一个必要的内容,每幅作品都需要有醒目的标题,一般情况下,标题位于整个版面的左上方或者上方。字体清晰,很多时候用POP字体,活泼又不失严谨,画面趣味生动;也可以根据产品主题设计字体。字体不能太大或者太小,以A3纸为例,字体的大小一般控制在高30 mm,标题总长度控制在150 mm左右。标题对于中英文字体没有要求,可以使用中文,也可以中英文结合,重点是标题要醒目(图3-66)。

图3-66 标题样式

2. 主效果图

主效果图是整个版面中最重要的一部分内容，也是设计创意的最终表现，在绘制之前要提前想好效果图的大小、尺寸、角度等（图3-67）。

图3-67 主效果图样式

3. 细节图

细节图主要用于辅助说明产品信息，如主效果图的角度不能全面表达产品特征或者创新点时，可以使用局部放大的细节图加以配合说明，最终使得整个产品清晰易懂。下图是盲人眼镜的设计，通过几个细节的详图，说明了给盲人使用的眼镜需要有SOS呼叫、需要明显的凸起表示开关、需要有调节松紧的功能等。这些图都是必要的说明，能让观者更清楚地了解盲人眼镜的使用和功能（图3-68）。

图3-68 《盲人眼镜细节图样式》吴杨

图3-69和图3-70通过不同角度和一些结构的细节，说明了USB的位置、尺寸等信息。

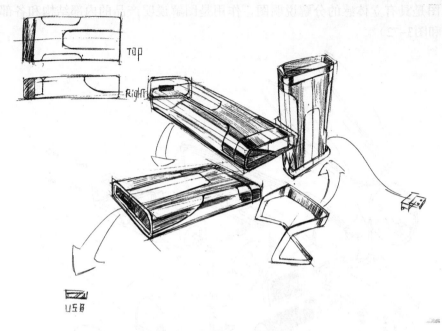

图3-69　《MP3细节图样式》杨智滨

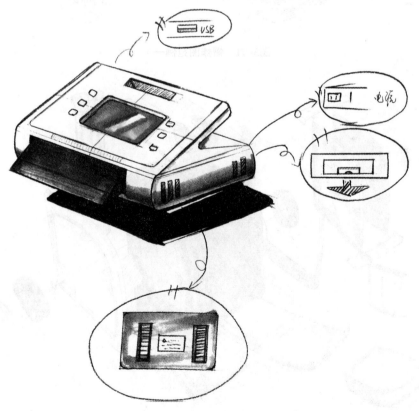

图3-70　《电子扫描仪》任国峰

4. 爆炸图

爆炸图是具有立体感的分解说明图,作用是图解说明产品的内部结构和各部分构件(图3-71和图3-72)。

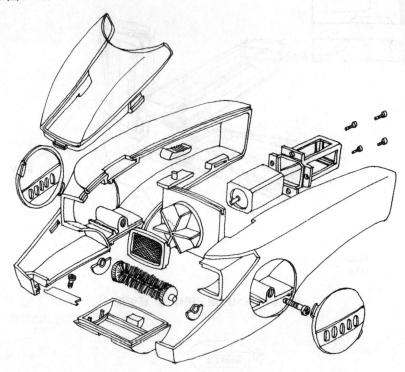

图3-71 爆炸图范例一

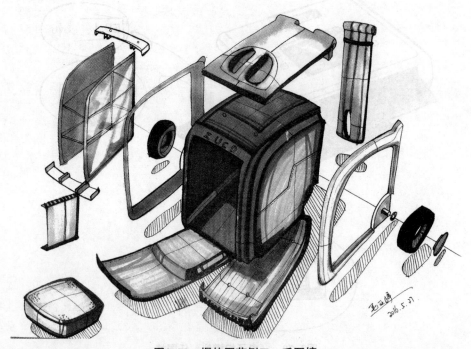

图3-72 爆炸图范例二 毛亚婷

5. 三视图

三视图是观者确定产品尺度的最主要视图，主要由主视图（前视图）、俯视图（顶视图）、左视图组成。三视图遵循长对正、高平齐、宽相等的规律（图3-73和图3-74）。

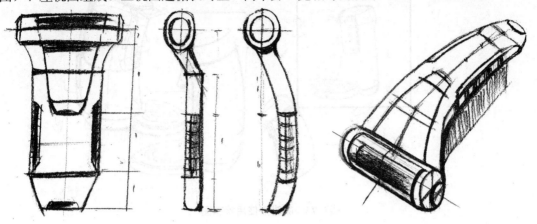

图3-73 剃须刀三视图

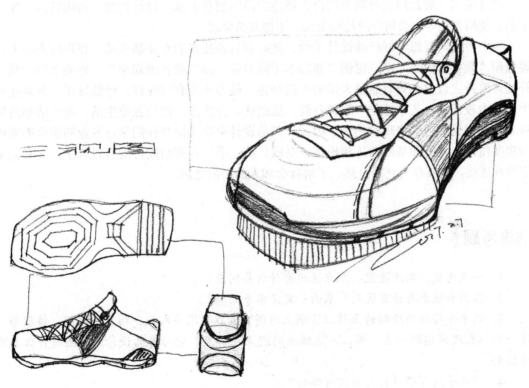

图3-74 运动鞋三视图

6. 使用状态图

使用状态图是展示产品最好的展示方式之一，它可以通过图示的方式很生动和形象地表达出产品的使用方式和使用人群，甚至还可以使读者融入故事场景中，切实感受产品的使用和乐趣（图3-75）。

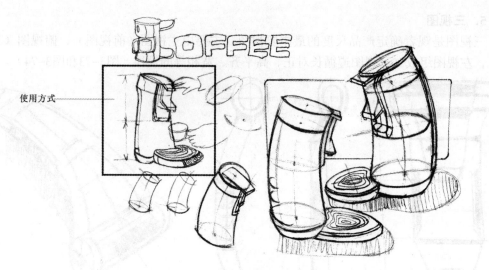

图3-75 咖啡壶使用状态图

7. 设计说明

设计说明一般是用相对简单的语言描述产品的创意来源、设计理念、功能特点、加工工艺、使用方法等,语句应简练而全面,不能复杂烦琐。

综上所述,要想学好产品设计手绘,就必须具备扎实的专业基本功。在训练方法上,要强调"勤""恒"二字,提倡"速写本子随身带,抽空就要画起来"。熟能生巧,勤可补拙。要持之以恒,只有通过大量的实践磨炼,能力才能有所提高。经验证明,凡是速写手绘能力较强的,艺术感觉一般都新鲜、思路活、方法多。他们热爱生活,对生活始终保持着新鲜感受和艺术表现的热情。因此,产品设计手绘是提升我们学习专业知识全面素质的重要纽带:它既和基础训练相衔接,是眼、脑、手三者密切配合的有效方法,又和艺术创作相连接,将其作为熟悉自然、了解社会和人的必由之路。

思考题

1. 一点透视、两点透视、三点透视有什么异同点?
2. 基面和地面有什么区别?基面一定是水平的吗?
3. 北宋张择端所绘制的画作《清明上河图》表现了很多人物、树木、楼阁、桥梁等,每一处都表现得栩栩如生。那么,这幅画的视点在哪里?它与产品设计表现图有什么本质的区别?
4. 产品手绘线稿的表达形式有哪些?
5. 投影是如何产生的?
6. 产品设计手绘线稿表达需要哪些内容?各部分内容如何表达?

第4章
产品造型手绘推敲

本章是针对大部分同学在学习过程中可能会出现的问题而设置的,主要是为了解决同学们在临摹产品线稿到一定阶段后,在设计产品之前的阶段所出现临摹很好、很逼真,但自己原创就会出现手绘水平明显下降这一问题。究其原因,就是对产品造型、功能不太了解,不知道这个造型是如何演变、推导来的。本章着重从几何形体的造型推敲入手,解决同学们在阶段性上可能出现的问题。

4.1 几何形体

几何形体是生活中产品的常见形体。按照构成元素来分,可分为两大类:一类是曲面形体,如圆柱、圆锥球体等;另一类是平面形体,如长方体、正方体、棱柱体等。

如何将基本的几何形体演变成丰富的形态?生活中随处可见的一些产品很多是由基本的几何形体经过削减、叠加等方式演变过来的。大部分产品均是几何形体经过简单的成型、切削而达到简洁、大气的品牌效果,苹果就是一个很好的例子(图4-1)。

图4-1 苹果鼠标和键盘

1. 切削

对初学者来说，要构建复杂的形态，须先从最基本的形态着手。例如，一个长方体或正方体经过一次或多次切削，得到一个多面体（图4-2和图4-3）。同时还可以进行圆角等设计，即可得到形态不同的曲面体。

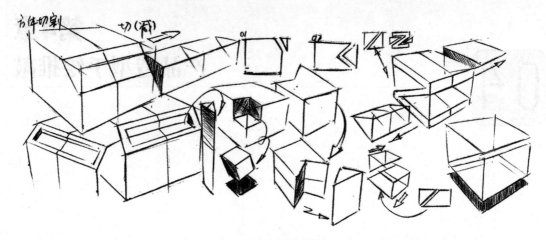

图4-2 《正方体切削过程》Nison

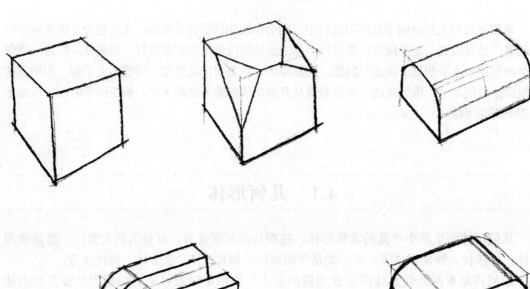

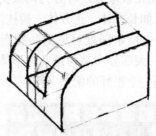

图4-3 长方体切削过程

生活中以圆柱体为基本几何形体切削而形成另一种产品的例子非常多，如加湿器、小夜灯、净水器等。基本的长方体、圆柱体、球体等沿着轴线或者与轴线倾斜成一定角度的方式切削可得到不同的平面体和曲面体（图4-4和图4-5）。

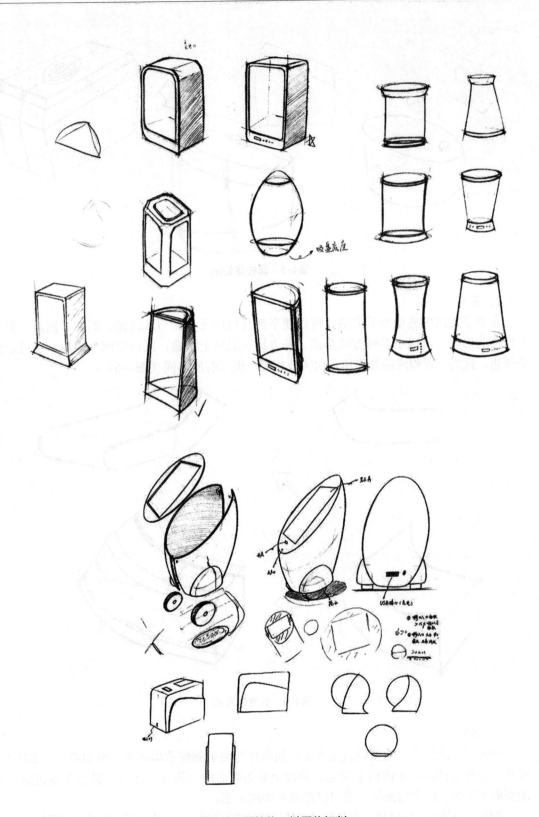

图4-4 圆柱体、椭圆体切削

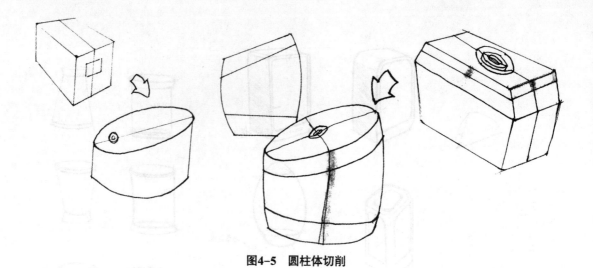

图4-5 圆柱体切削

2. 弯曲

弯曲是常用的造型变形方法,可以使平面几何体变为曲面几何体。例如,侧面一边向上弯曲的形态,可以由多种方式形成。长方体一边向上弯曲,既可以倒个圆角,也可以倒个圆边,这些方式构成的几何体走向大致相同,但又有所不同(图4-6)。

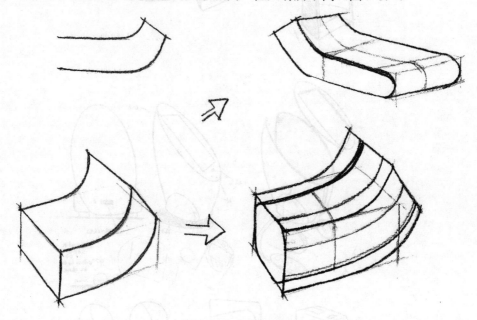

图4-6 长方体弯曲

3. 扭曲

扭曲和弯曲是不同的两种造型方法,扭曲比弯曲更能使造型多变,增加曲面。如图4-7所示,将长方体的一个面向上鼓起,形成上面为弧面的几何体;还可以进行其他扭曲,如侧面向下扭曲、向内扭曲等,都可以形成不同的形态。

例如,垃圾桶、新风机,都是通过圆柱体进行曲面的扭曲而得出不同造型的(图4-8)。

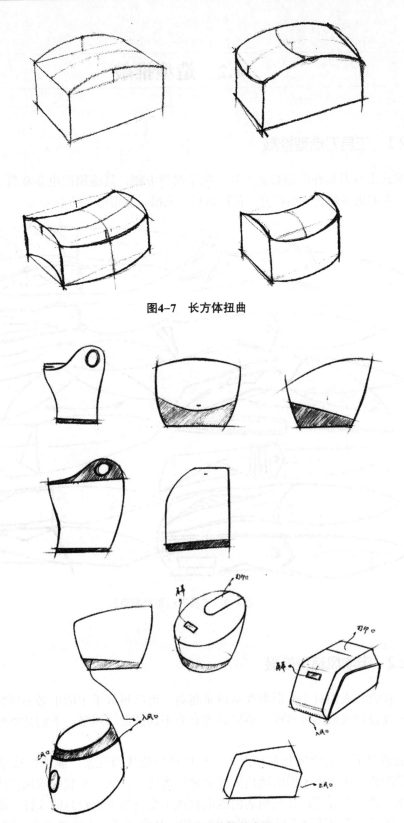

图4-7 长方体扭曲

图4-8 基本体推导应用

4.2 造型推敲

4.2.1 工具刀造型推敲

便携式工具刀是外出的必备工具，除了携带方便，其应用性也非常高。在进行工具刀设计时，考虑更多的是手柄部分，包括材料、人机、造型等（图4-9）。

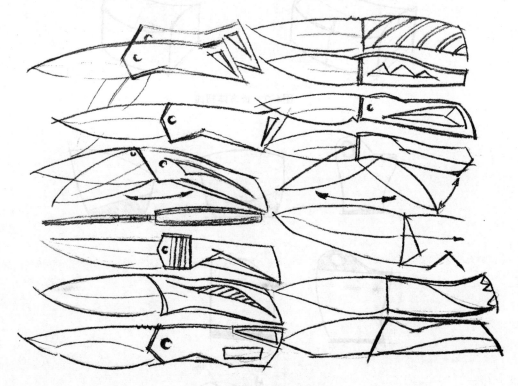

图4-9 工具刀造型推敲草图

4.2.2 电吹风造型推敲

现今社会，人们对个人形象要求越来越高，电吹风成了生活中必不可少的工具。市面上的电吹风设计风格多种多样，不同品牌有着不同的设计风格。下面是电吹风的设计推敲过程。

一般情况下，电吹风要有和汽车一样设计的流线型元素，飘逸的线条拉近了电吹风和汽车的距离。要考虑不同的适用人群和适用场所。比如，车载电吹风主要针对自驾游人群，收纳、携带要方便；高级酒店内的电吹风主要针对要求较高的人群，除了基本的吹干功能外，还需要考虑适合不同发质的吹风功能，从而在造型上体现出来（图4-10）。

图4-10　电吹风造型推敲草图

4.2.3　耳机造型推敲

耳机是人们生活中不可缺少的一种电子设备,不论在飞机、火车上看视频、听音乐还是自己独处时看照片、玩游戏,都离不开耳机(图4-11和图4-12)。

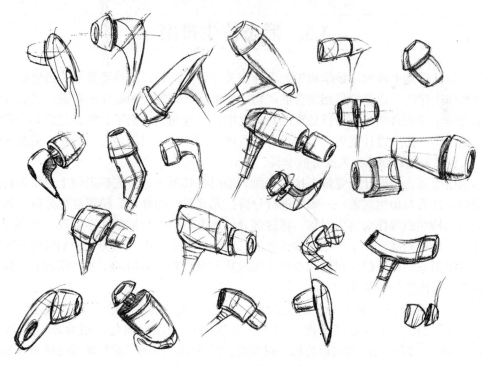

图4-11　耳机造型推敲图一

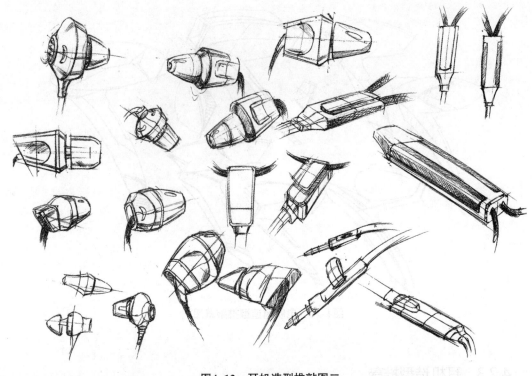

图4-12 耳机造型推敲图二

4.3 形态仿生推敲

仿生设计学是生物学、数学和工业设计交叉作用的结果，严格意义上的仿生设计是工业设计和仿生学两个边缘学科相结合的产物。德国著名设计大师克拉尼曾说："设计的基础应来自诞生于大自然的生命所呈现的真理之中。"这句话道出了自然界蕴含无限设计的天机。他指出，仿生设计是现代工业设计的发展方向，是一门满足人的需要、适应人体结构、为人创造舒适环境、为人服务的学科。

形态仿生是仿生设计研究最直接的一面。如图4-13所示，首先确定仿生对象为自然界中的蝴蝶，之后对仿生对象——蝴蝶进行分析，尤其对它的外形、肌理进行分析。选择蝴蝶翅膀的结构和肌理作为仿生对象，将这部分的形态特征进行抽象变形处理，将部分相对次要的形态进行删减，使主要结构特征更加几何化。然后根据二维简化和抽象的仿生对象特征向三维形态转化。经过讨论和商议，决定用其形态作为躺椅的支架，既能满足躺椅的结构需求，又使整个作品显得时尚、大气。

再如，以海豚的多种形态为仿生对象，对它跳跃、游走、嬉戏等形态进行记录，做抽象变形处理，将主要部分进行放大，对次要部分进行简化，组合成一件观赏摆件（图4-14）。以蜂巢的六边形为仿生对象设计的花洒，不同于常规圆润的造型，显得帅气、硬朗（图4-15）。微波炉手套用鳄鱼嘴造型和手势造型设计（图4-16）。

图4-13 仿生造型推敲

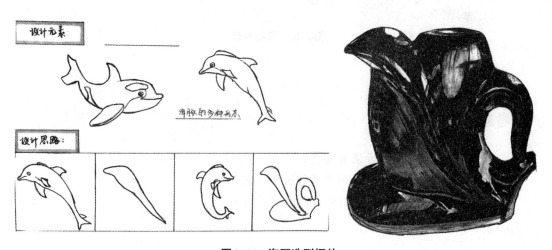

图4-14 海豚造型摆件

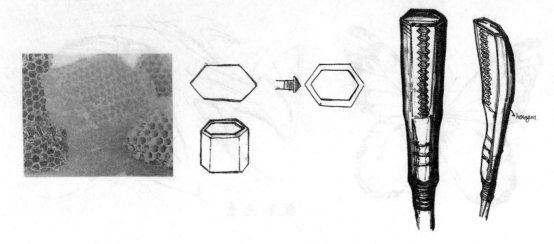

图4-15 蜂巢造型花洒

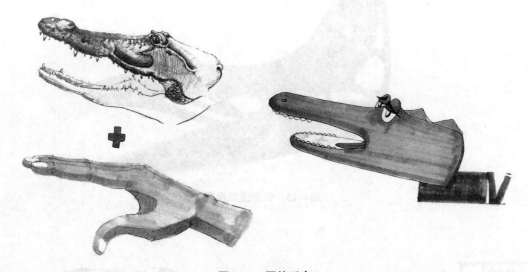

图4-16 隔热手套

思考题

1. 造型推敲常用的几种方法有哪些?
2. 以基本体为依据,进行不同产品的造型推敲。
3. 选定自然界中的生物,进行仿生设计推敲练习。

第5章 产品设计手绘步骤

本章通过五个完整的产品案例手绘步骤，展示产品手绘过程，供初学者学习、参考。手绘一般分为构图起稿阶段、绘制大形阶段、深入刻画阶段、辅助图绘制阶段（爆炸图、三视图、细节图、使用方式及状态图、其他角度图）、整体调整完成阶段。如果需要深入刻画，则可用马克笔、彩铅或其他颜料对产品材质、色彩进行表达。

产品速写阶段是记录设计师灵感和表达构思的阶段，在表现手法上有相当的严谨性和逻辑性，通常以单线、复线为主，经常以产品的透视图、三视图、细节图和使用状态图进行表达。起初阶段，可以进行单体写生训练，进入设计阶段后再进行排版训练。

5.1 工具箱

工具箱的手绘步骤如下所示：

（1）选角度。选出理想的角度，形成完整的构图。所谓理想的（或最佳的）角度，一是有利于确定所画对象，二是有利于确定画面透视。角度确定后，要确定视平线在画面中的位置。视平线在画面的中间是平视构图，在画面的上方是俯视构图，在画面的下方是仰视构图。构图形象不同，画面的效果和气氛也不同。最后单线勾勒出产品的大轮廓，尤其注意透视与构图（图5-1）。

（2）要画好主要形象，首先要认识其特征，对结构进行分析和描绘，不要陷入对细节更多的描绘而忽略对整体的把握。对于工具箱来说，要先将工具箱各个工具分格大致绘制，表达其特征（图5-2）。

（3）对工具箱各个工具分格深入刻画，近的先刻画，远的后刻画，但要注意删减得当（图5-3）。

图5-1 步骤一

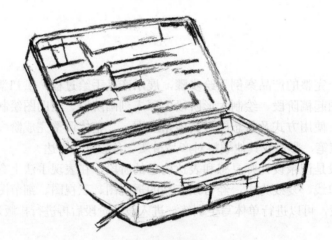

图5-2 步骤二

图5-3 步骤三

（4）将工具箱内所有工具画完整，对不足的地方进行调整，注意整体气氛的渲染（图5-4）。

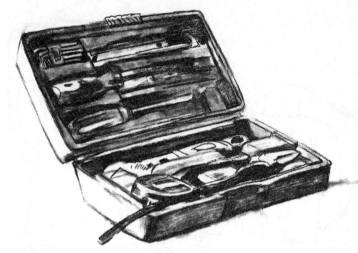

图5-4　步骤四

5.2　水壶和茶杯

水壶和茶杯是生活中必不可少的生活用品，我们对此进行刻画的时候，首先依据水壶和茶杯的摆放特点进行观察，再构图（图5-5）。

图5-5　实物照片

(1) 单线勾勒出产品的大轮廓,注意透视与构图(图5-6)。

图5-6 步骤一

(2) 对水壶和茶杯的结构分别分析和描绘,注意不要过多地陷入对细节的描绘而忽略对整体的把握,同时要进行细节刻画、调整(图5-7)。

图5-7 步骤二

5.3 车

车的绘制是很多同学到后期都想尝试的产品，因为车的速写需要考虑的因素非常多，包括基本的透视关系，还有轮毂、灯、后视镜、排气管甚至车内的仪表盘、方向盘、座椅、中控台等结构部件，同时还需把车带给人的整体感觉和风格呈现出来，所以需要扎实的基本功和熟练的绘画技能。可以选择一个角度进行刻画，也可以给观者呈现不同角度进行组合刻画。

（1）选择要表达车部件的角度，如表现车的尾部造型，可选择后30°或45°进行绘制。先用单线勾勒出车的大轮廓，注意透视与构图（图5-8）。

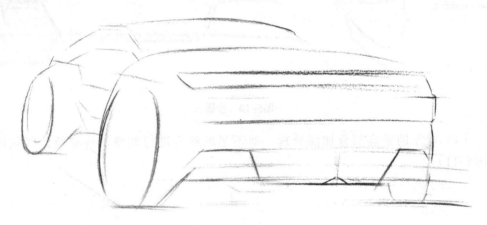

图5-8　步骤一

（2）在基本造型基础上，对车的尾部结构进行分析和描绘，包括排气孔、尾灯的位置，以及标志的位置；在绘制过程中注意近大远小的透视关系，并且不要过多地陷入对细节的描绘而忽略对整体的把握（图5-9）。

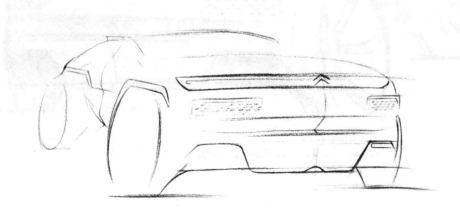

图5-9　步骤二

（3）深入刻画车的尾部细节和结构，包括轮毂的细节和结构。转折面、阴影面的处理要得当，初步进行细节刻画（图5-10）。

图5-10　步骤三

（4）对车的重点部分加深处理，对不足的地方进行调整，注意整体气氛的渲染（图5-11）。

图5-11　步骤四

5.4 车载咖啡机

随着社会不断发展,人们生活水平不断提高,车载产品在市场上日趋热销。用车载咖啡机可以在车上随时享受醇美的咖啡,缓解长途旅行的疲劳,因此越来越受到消费者的喜爱。在画效果图前,先用简单的线条勾画出自己的创意构思,然后有目的地运用这些线条(图5-12)。

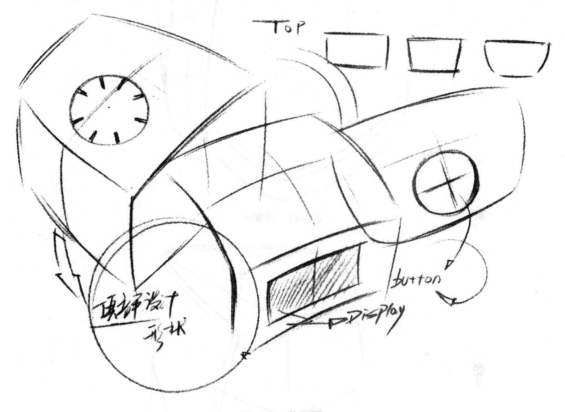

图5-12 构思图

(1)迅速地把造型勾画出来,一开始线条不需要画得很重,轮廓线一定要轻松流畅,准确到位,切勿重复描线(图5-13)。

(2)调整产品的造型,确定的线条用铅笔加重,注意线和线之间的轻重区分,处理好转折的地方(图5-14)。

(3)线条加重后,刻画咖啡机的底盘与背后的盖子,用肯定硬朗的线条突出底盘的金属材质,注意大小比例(图5-15)。

(4)完成咖啡机的线稿,这一步主要是刻画产品的开关旋钮,刻画旋钮时注意透视关系(图5-16)。

70 产品设计手绘训练与表达

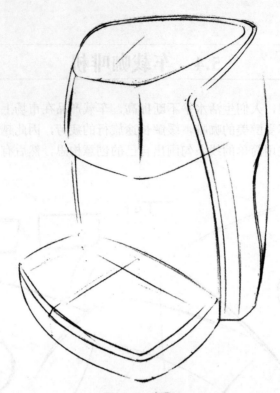

图5-13 步骤一

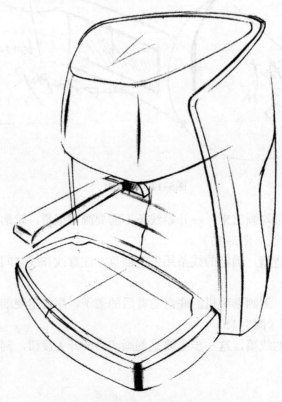

图5-14 步骤二

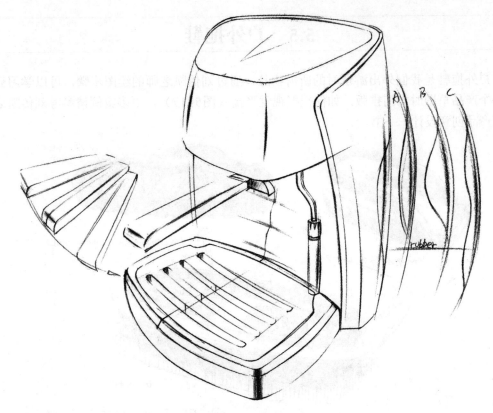

图5-15 步骤三

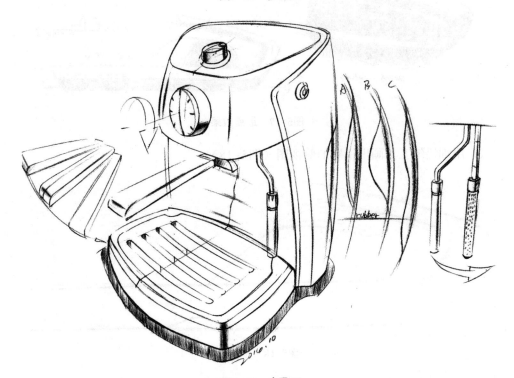

图5-16 步骤四

5.5 户外拖鞋

户外拖鞋是我们外出游玩时的所需物品,通过刘传凯老师的绘图步骤,可以学习到绘制一个产品草图时如何排版,如何把握视觉平衡(图5-17)。更多案例请参考刘传凯老师的《产品创意设计》一书。

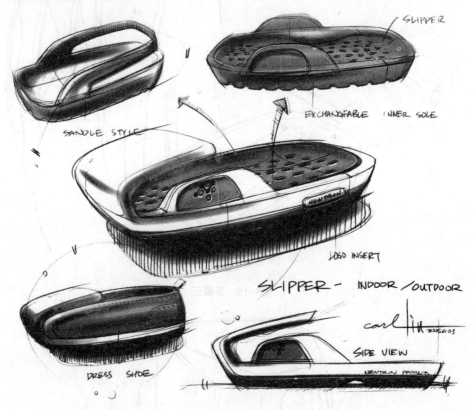

图5-17 最终效果

(1)用细铅笔工具画出拖鞋的侧视图(图5-18)。

图5-18 步骤一

(2)绘制细节,确定阴影区域后,用剖面线来体现表面的过渡(图5-19)。

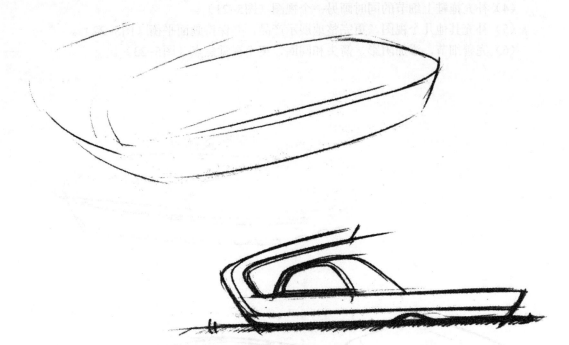

图5-19 步骤二

（3）添加一些细节和阴影，加深拖鞋和阴影的线条（图5-20）。

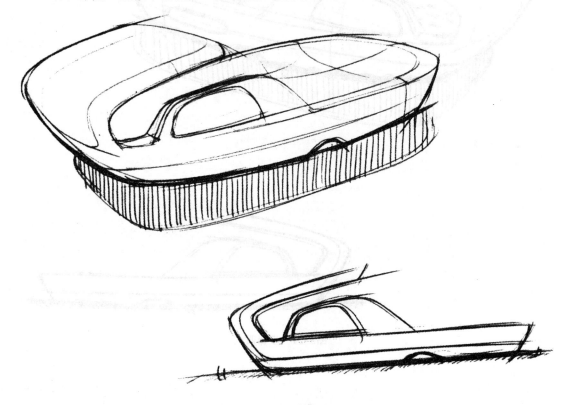

图5-20 步骤三

(4）补充拖鞋上细节的同时画另一个视图（图5-21）。

(5）补充其他几个视图，更完整地展示产品，并保持画面平衡（图5-22）。

(6）完善细节，添加阴影、箭头和圆圈，突出视觉焦点（图5-23）。

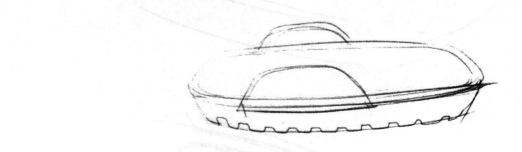

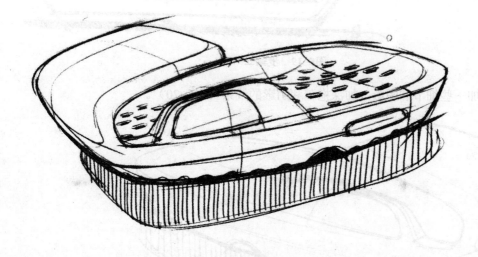

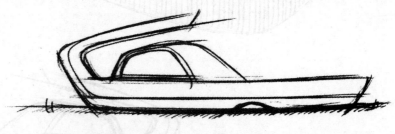

图5-21 步骤四

图5-22 步骤五

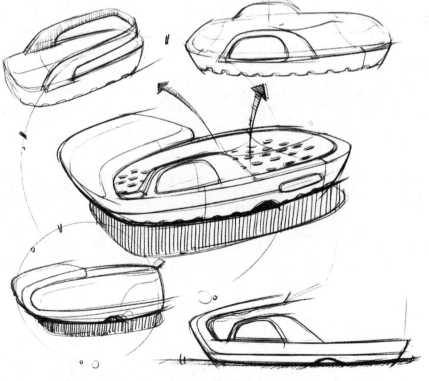

图5-23 步骤六

思考题

1. 临摹产品手绘作品。
2. 写生产品手绘作品。
3. 对产品进行再设计,手绘记录设计构思。

第6章 作品赏析

一、清水吉治作品

清水吉治，1934年生于日本长野，1959年毕业于金泽美术工艺大学工业美术系工业设计专业，曾是东京工艺大学、日本机械设计中心、拓殖大学工学部、神户艺术工科大学、东北艺术工科大学、东洋美术学校等多家企业、院校的特聘或专任教授。

作者本人有幸在学生时代亲自看过清水吉治先生现场绘制效果图，他的作品线条流畅、用笔简练、疏密有致、对比强烈，即使在计算机作图日益普及的今天，仍然非常值得年轻学生和设计师仔细研究和学习。以下附五张产品速写作品供学习者参考，更多速写技巧和案例请参考清水吉治先生的专著（图6-1至图6-5）。

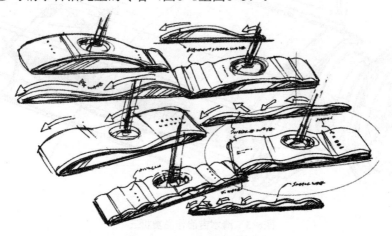

图6-1　清水吉治作品赏析一

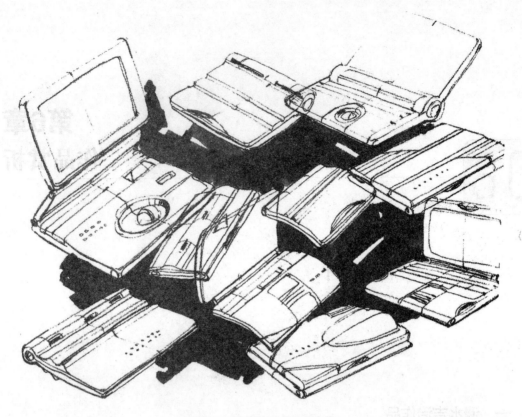

图6-2 清水吉治作品赏析二

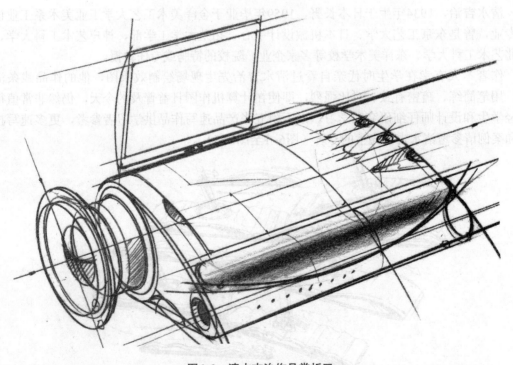

图6-3 清水吉治作品赏析三

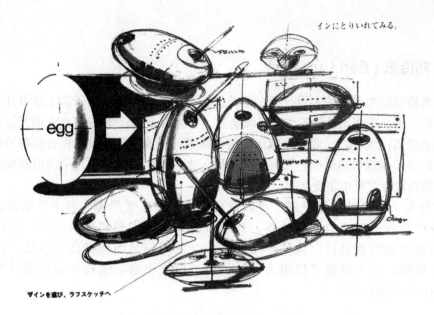

图6-4 清水吉治作品赏析四

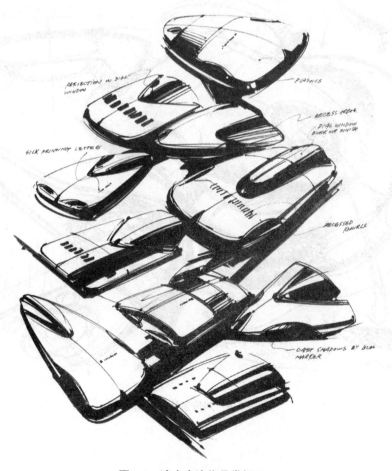

图6-5 清水吉治作品赏析五

二、刘传凯（Carl Liu）作品

刘传凯是国际知名的华人设计师，他曾先后在中国台湾和美国研读工业设计专业并长期在美国和中国从事产品设计工作，成绩斐然。曾为Compaq、Nike等企业做产品设计，不仅在市场上取得巨大成功，而且在国际上屡获殊荣，更成为工业设计提升品牌价值的经典案例。他的手绘表现风格鲜明，严谨不失洒脱，大气不失细节，表现手法清新明快、细腻传神，在国内设计院校中很受推崇。

仔细研究刘传凯的手绘草图，可以发现他的画法非常严谨，善于借助辅助线或爆炸图表现产品各个部件的相互关系，对细节的刻画、强调和辅助说明，使产品的结构或功能得以完整地表达。他的作品经常配合使用场景图和操作示意图，使得产品表达更加清晰，大大增强了说服力，整体表达层次丰富，值得年轻的设计师学习和借鉴（图6-6至图6-11）。

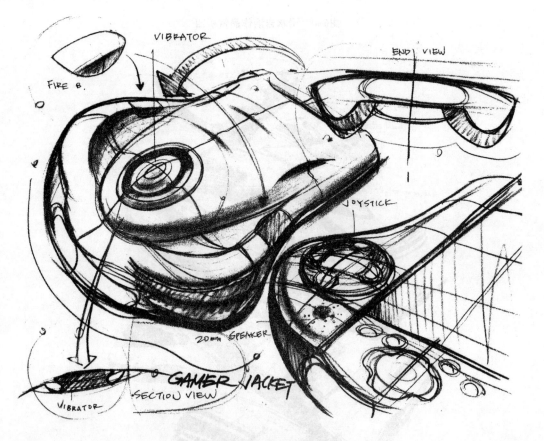

图6-6　刘传凯作品赏析一

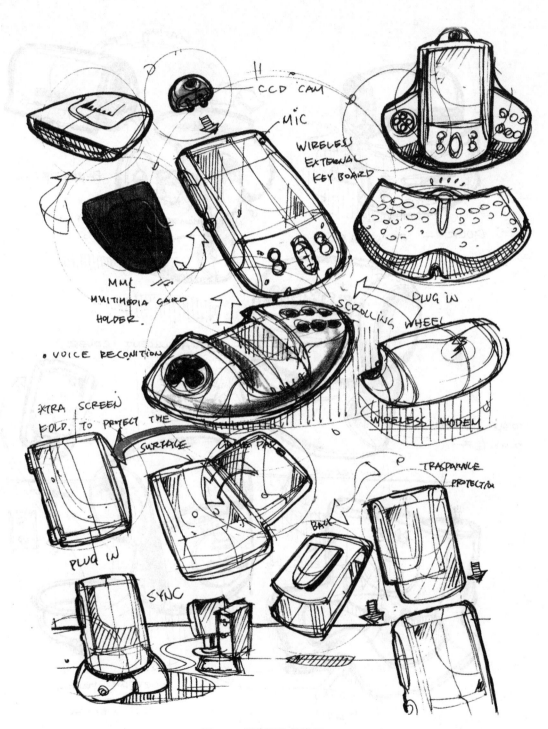

图6-7 刘传凯作品赏析二

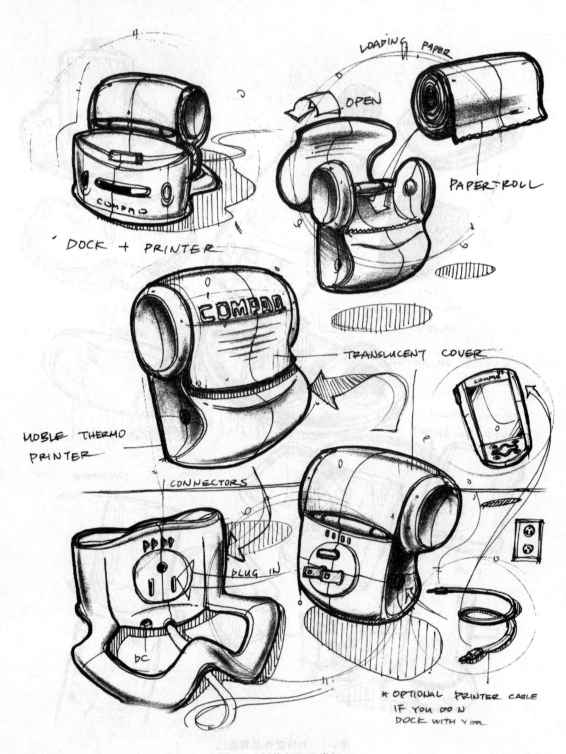

图6-8 刘传凯作品赏析三

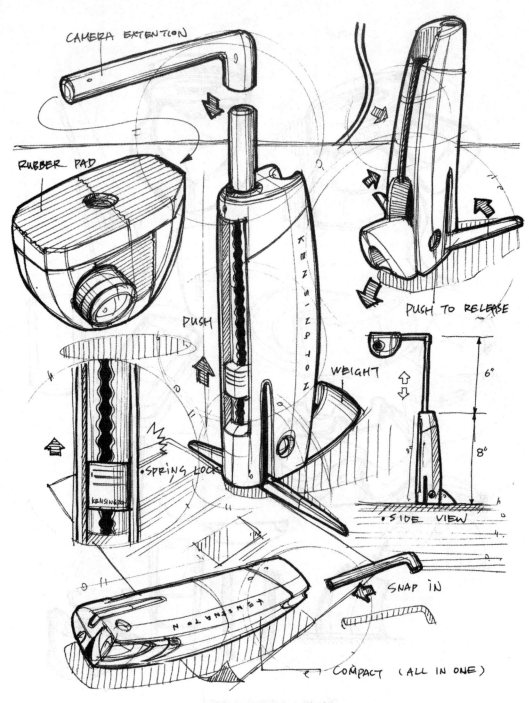

图6-9 刘传凯作品赏析四

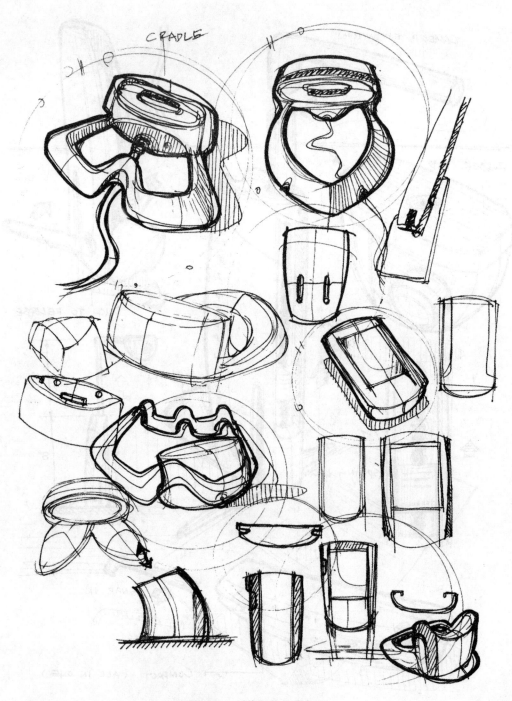

图6-10 刘传凯作品赏析五

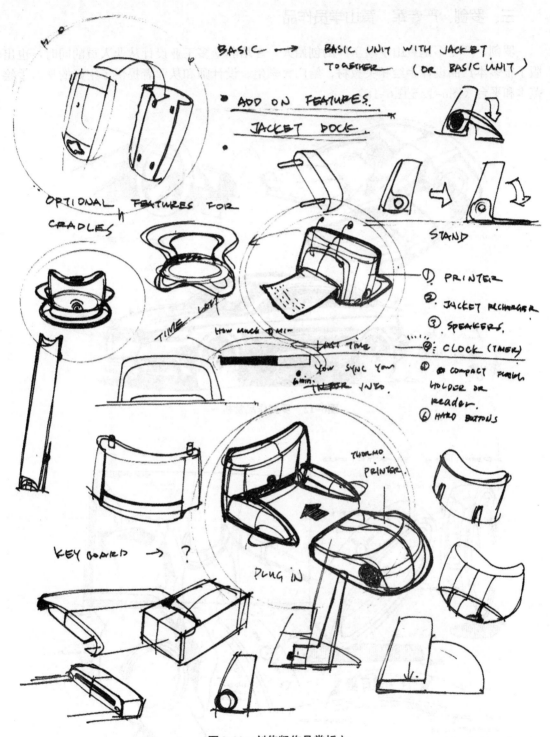

图6-11 刘传凯作品赏析六

三、罗剑、严专军、黄山学员作品

罗剑、严专军是黄山手绘工厂的创始人,在培养众多工业设计从业人员的同时,也出版了很多本产品设计手绘相关教材,给广大学生、设计师和从业者提供了很好的学习手绘范本和平台(图6-12至图6-18)。

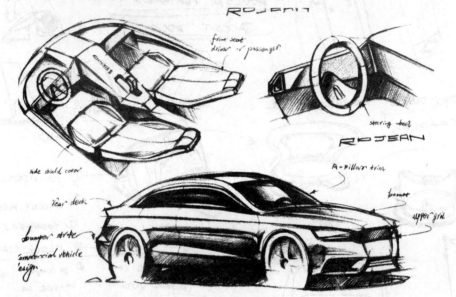

图6-12 罗剑作品赏析一

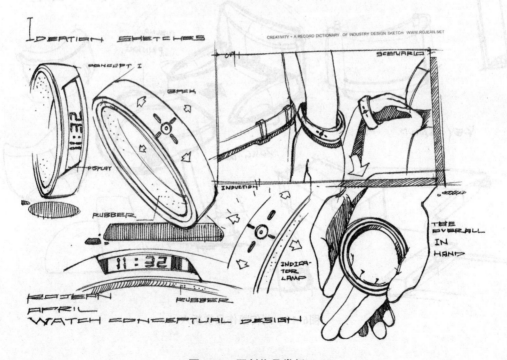

图6-13 罗剑作品赏析二

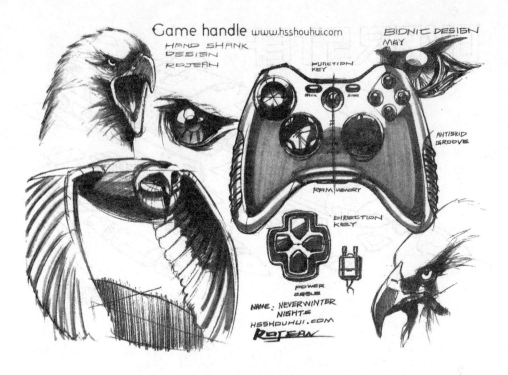

图6-14 罗剑作品赏析三

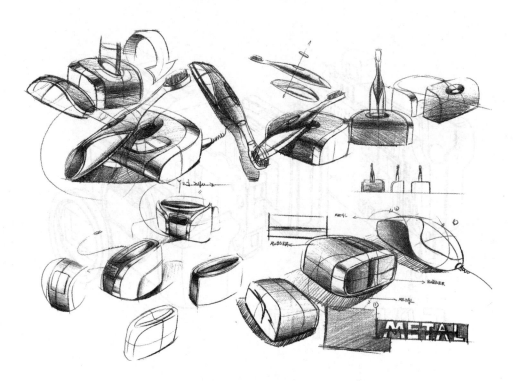

图6-15 严专军作品赏析

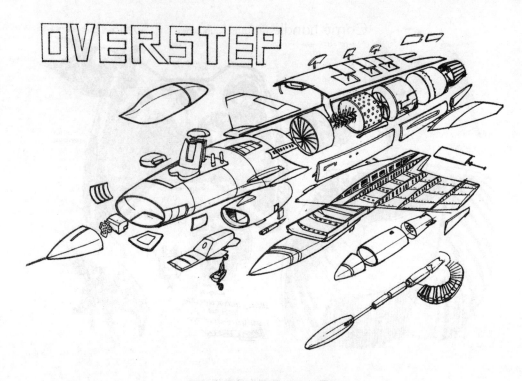

图6-16 黄山学员作品赏析一

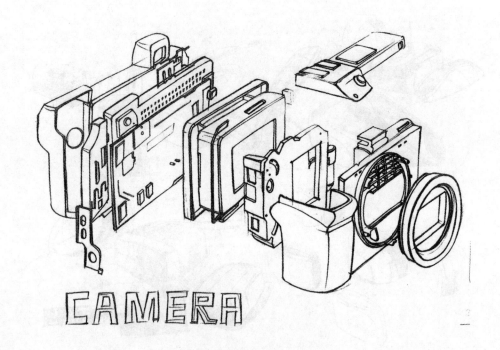

图6-17 黄山学员作品赏析二

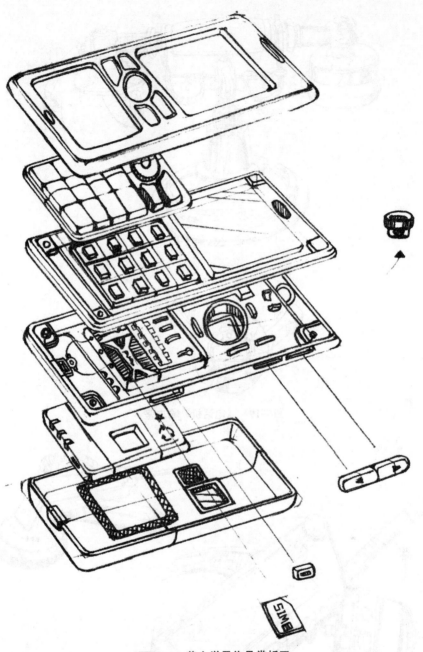

图6-18 黄山学员作品赏析三

四、师生作品

在临摹、研究大师的手绘技法后,经过课下反复练习、临摹、写生,使用不同的绘画工具,学生们可以创作出不同风格和种类的作品。他们的手绘作品有的透视准确,有的结构不清楚,有的线条不流畅,但在有限的时间内,还是呈现了一些作品。这些作品虽显稚嫩,但能看出学生的积累与成长、真诚与努力(图6-19至图6-118)。

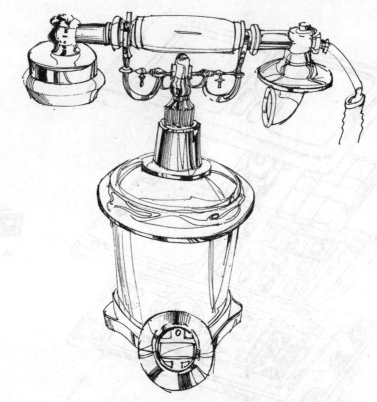

图6-19 《电话机》喻志坚

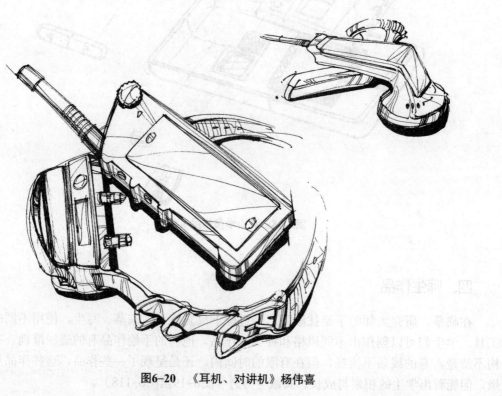

图6-20 《耳机、对讲机》杨伟喜

第6章 作品赏析 91

图6-21 《机器人》杨伟喜

图6-22 《笔记本电脑和移动硬盘》李筠

图6-23 《办公用品》李筠

图6-24 《电话等静物》李筠

第6章 作品赏析 **93**

图6-25 《水杯水壶等静物》李筠

图6-26 《笔芯橡皮等静物》李筠

图6-27 《车灯一》杨智滨

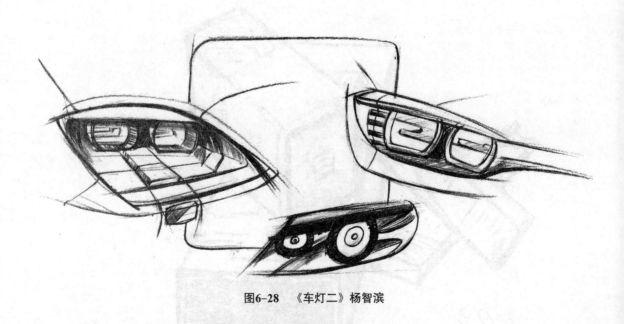

图6-28 《车灯二》杨智滨

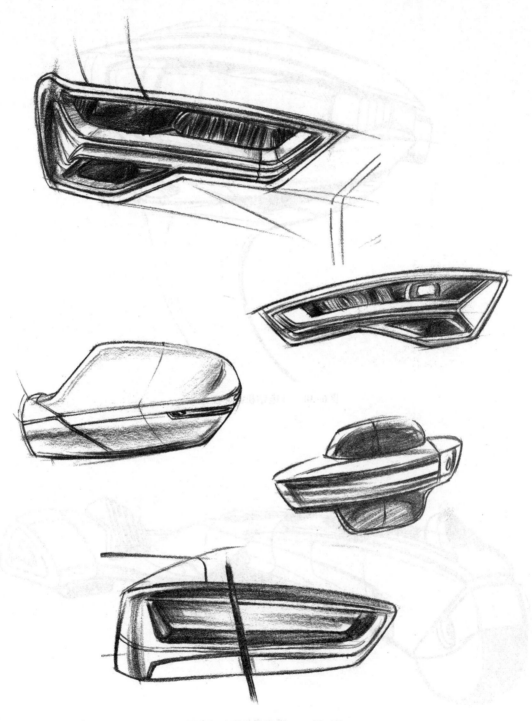

图6-29 《车灯三》杨智滨

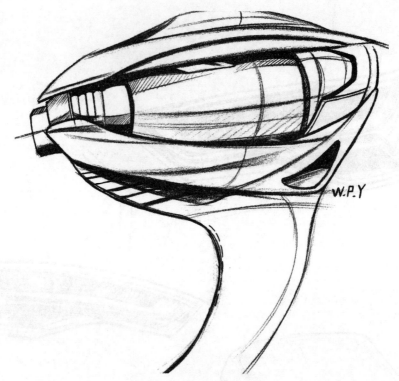

图6-30　《电钻机身》王培宇

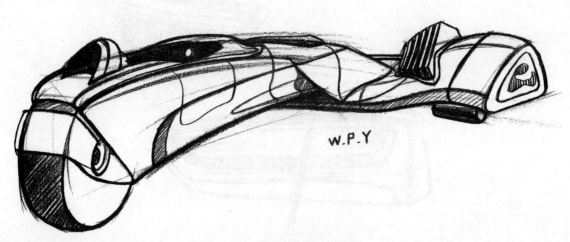

图6-31　《概念摩托车》王培宇

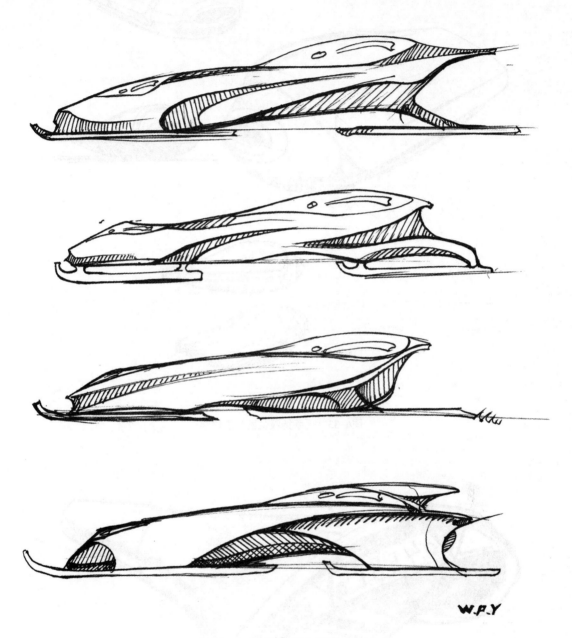

图6-32 《雪地车》王培宇

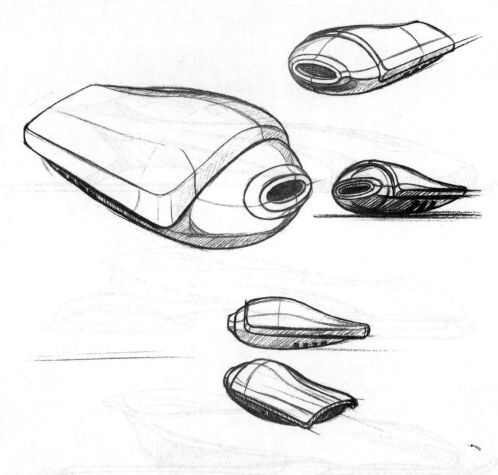

图6-33 《手持吸尘器》王培宇

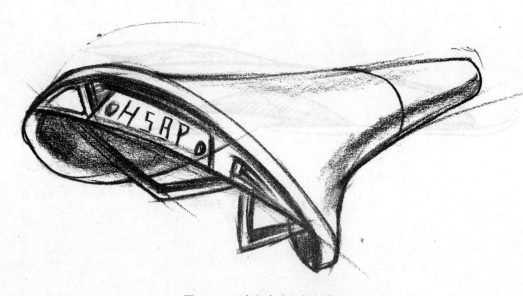

图6-34 《自行车座》杨智滨

图6-35 《摩托车》杨伟喜

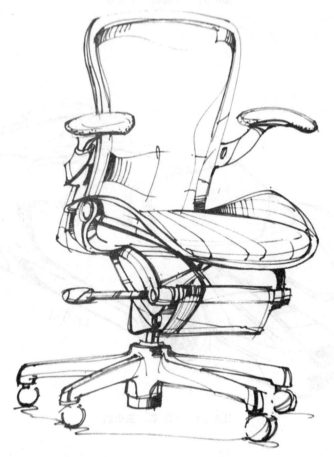

图6-36 《工作椅》喻志坚

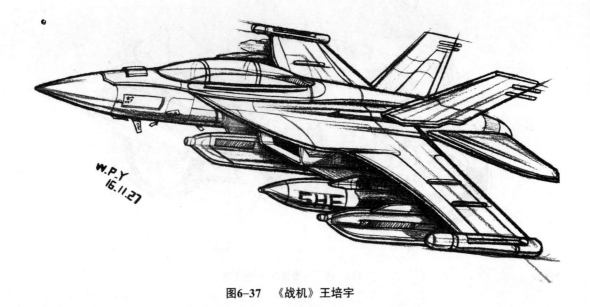

图6-37 《战机》王培宇

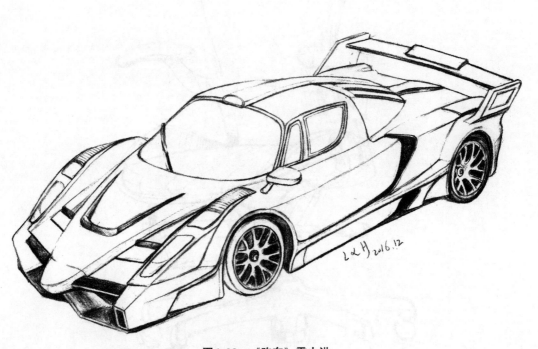

图6-38 《跑车》雷小洪

图6-39 《运动鞋》杨智滨

图6-40 《手枪》王培宇

图6-41 《相机和相机包》李筠

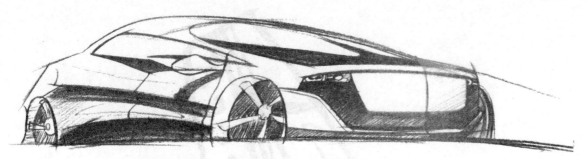

图6-42 《车一》王培宇

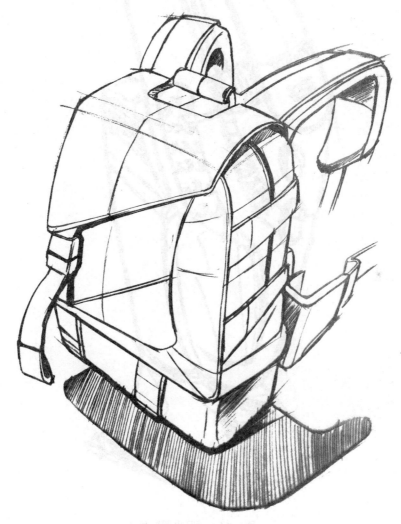

图6-43 《背包》张雨

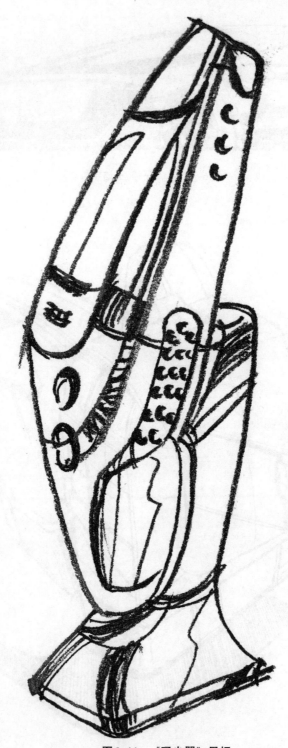

图6-44 《吸尘器》吴杨

图6-45 《多功能数码一体机》杨智滨

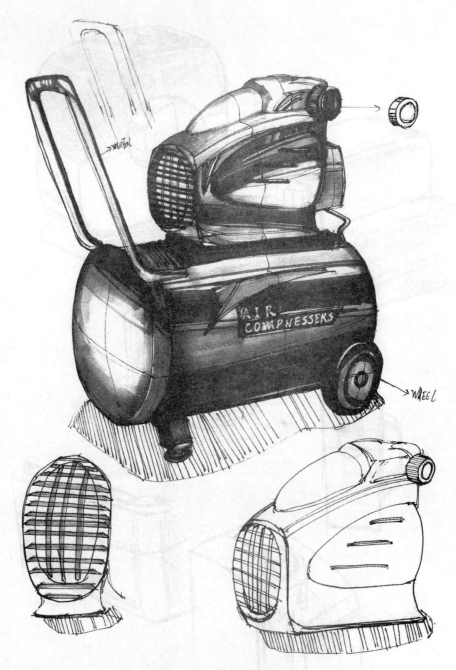

图6-46 《空压机》蔡欣宏

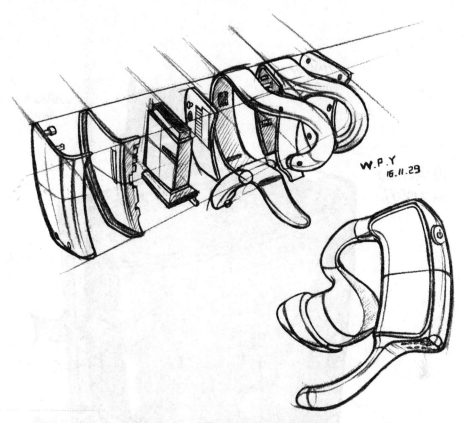

图6-47 《止鼾器及爆炸图》王培宇

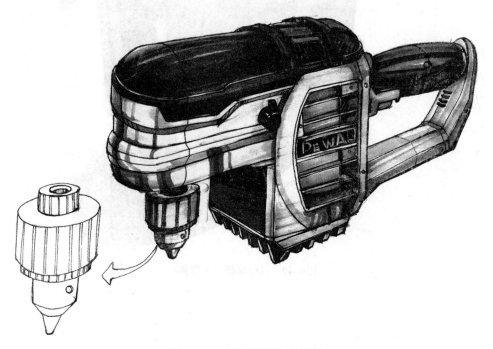

图6-48 《手持电钻》韩青青

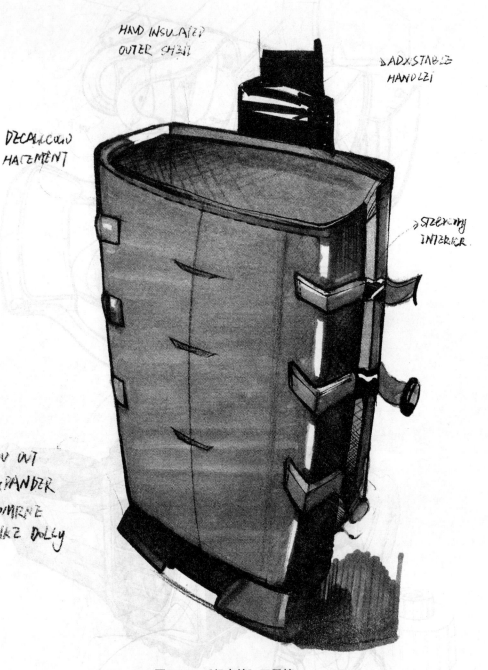

图6-49 《行李箱》王雪婷

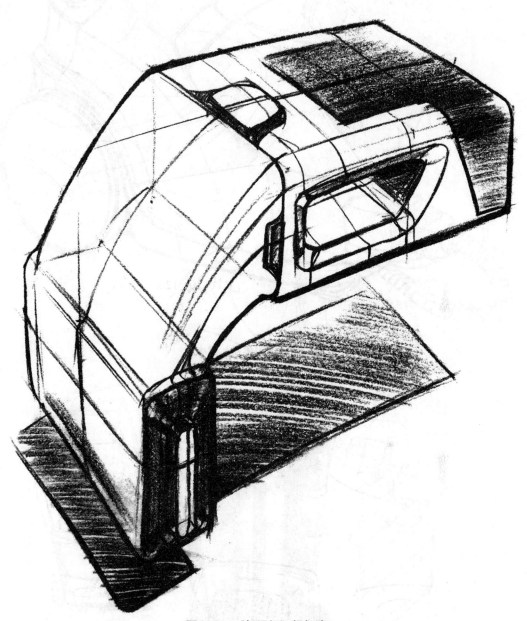

图6-50 《扫码机》杨智滨

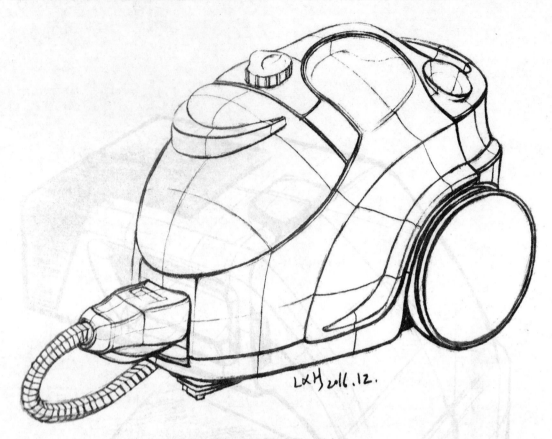

图6-51 《吸尘器》雷小洪

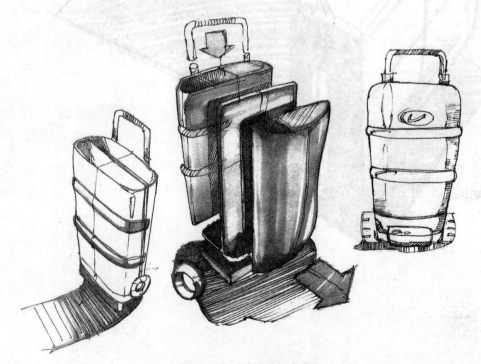

图6-52 《拉杆箱》蔡欣宏

第6章 作品赏析 111

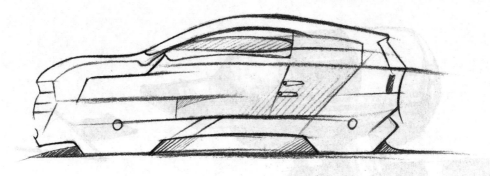

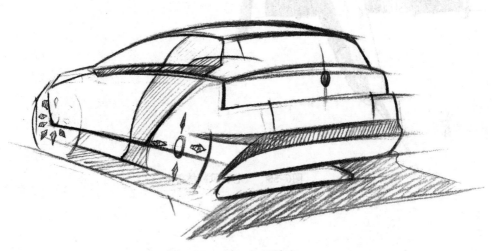

图6-53 《车二》王培宇

图6-54 《车三》王培宇

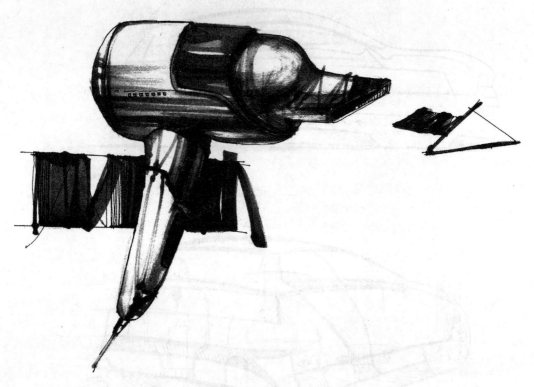

图6-55 《电吹风》林冬冬

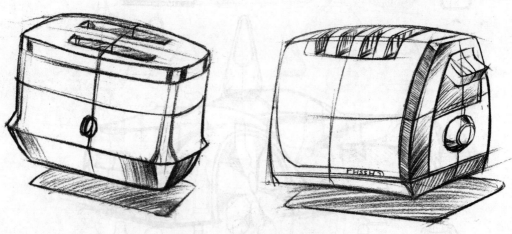

图6-56 《烤面包机》杨智滨

第6章 作品赏析 113

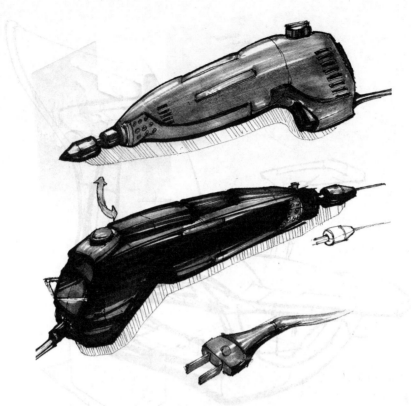

图6-57 《手持电钻》蔡欣宏

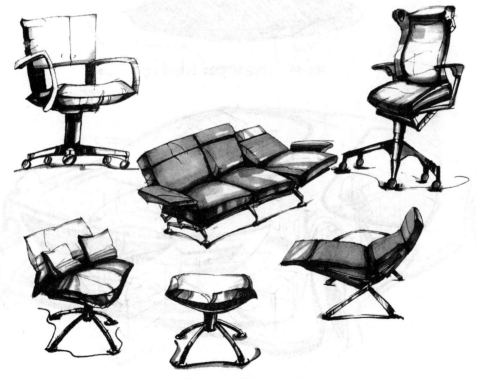

图6-58 《椅子》王东阁

图6-59 《概念悬浮椅》杨智滨

图6-60 《车一》杨智滨

图6-61 《车二》杨智滨

图6-62 《烤面包机》杨智滨

图6-63 《椅子》杨智滨

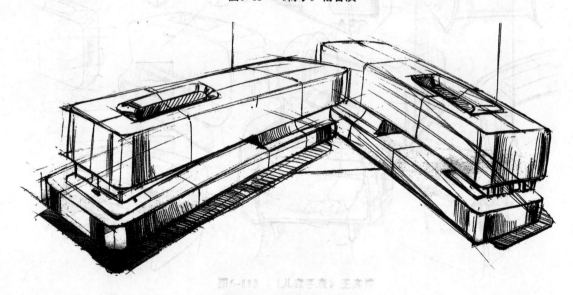

图6-64 《订书机》杨智滨

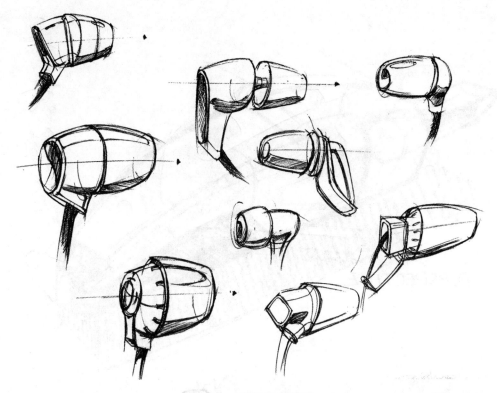

图6-65 《耳机》杨智滨

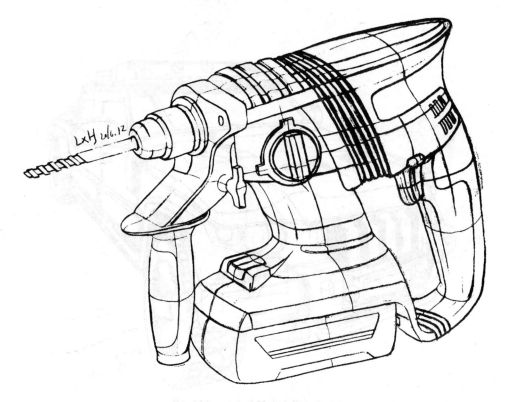

图6-66 《电钻》雷小洪

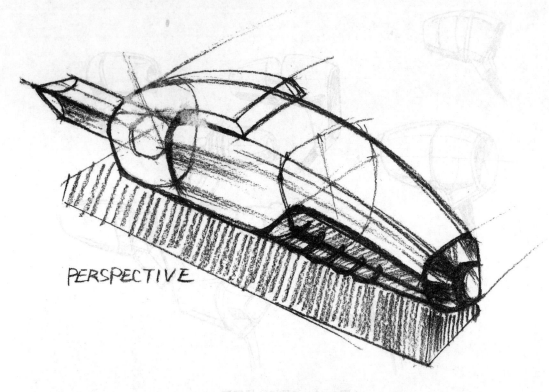

图6-67 《螺丝刀》李筠

图6-68 《越野车》王培宇

第6章 作品赏析 **119**

图6-69 《卡车》王培宇

图6-70 《车一》王培宇

图6-71 《车二》王培宇

图6-72 《车三》王培宇

图6-73 《板鞋》杨智滨

第6章 作品赏析 **121**

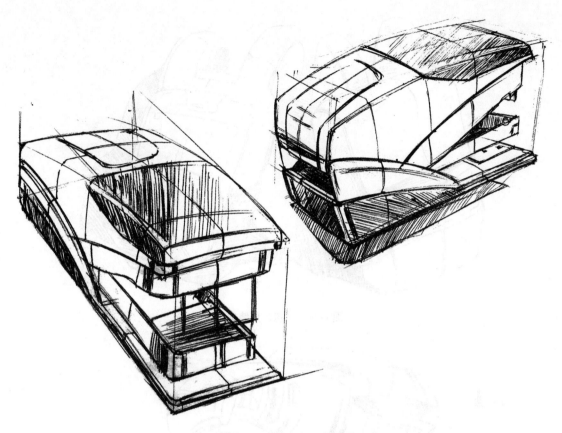

图6-74 《订书机》杨智滨

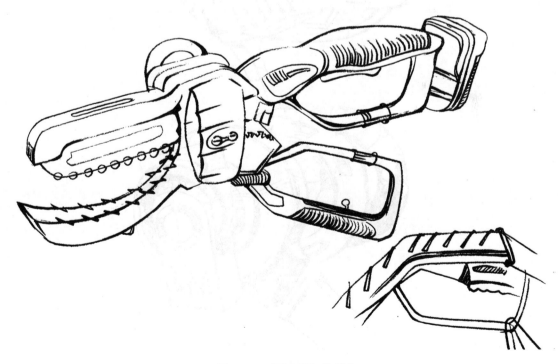

图6-75 《手工钳》焦婷宇

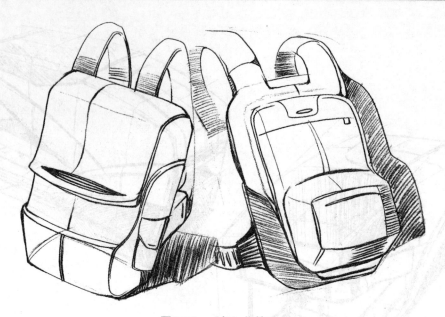

图6-76 《包》焦婷宇

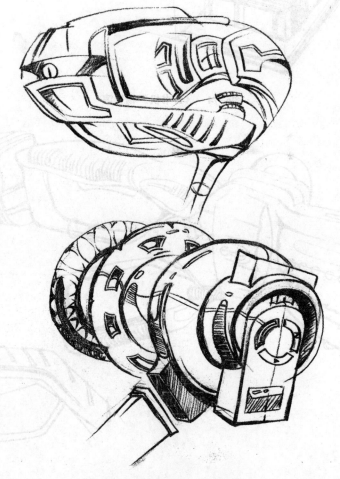

图6-77 《耳机》焦婷宇

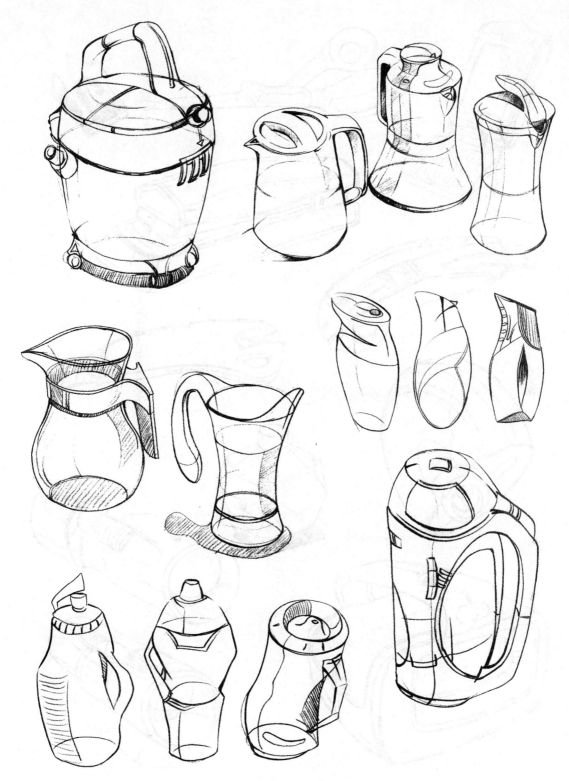

图6-78 练习一 焦婷宇

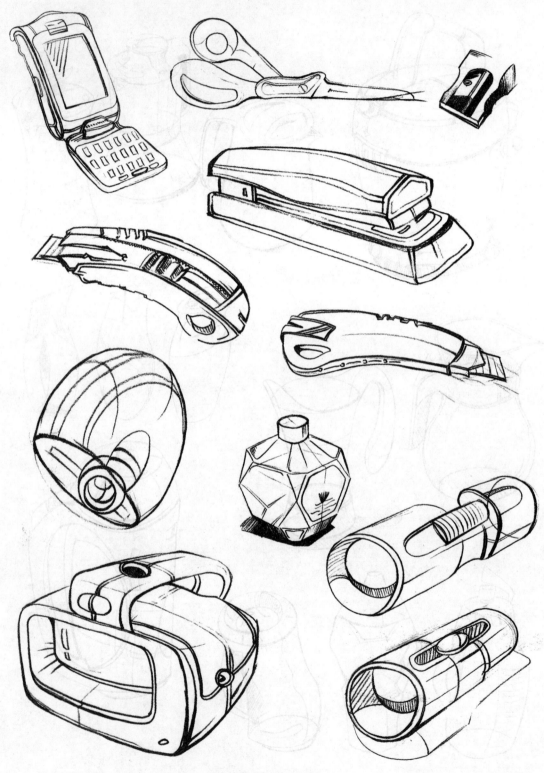

图6-79 练习二 焦婷宇

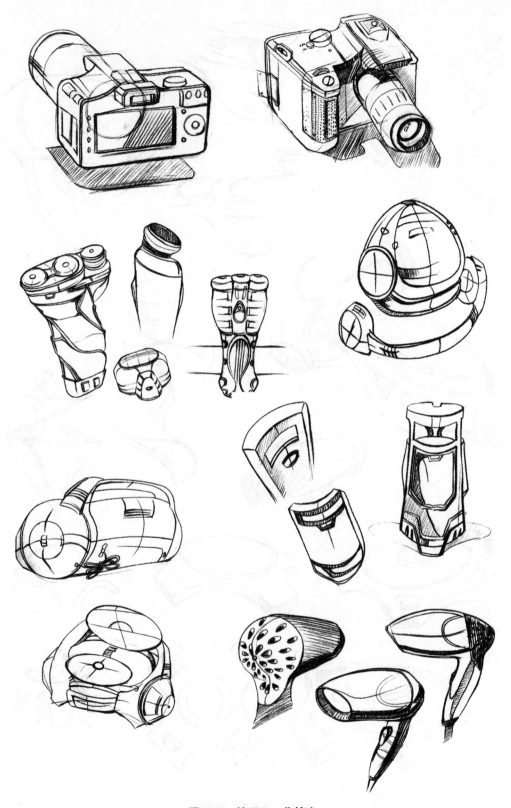

图6-80 练习三 焦婷宇

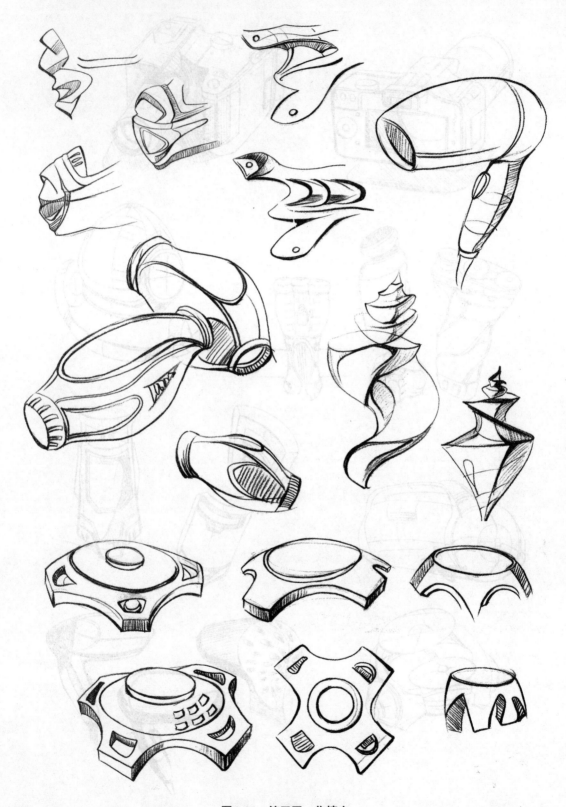

图6-81 练习四 焦婷宇

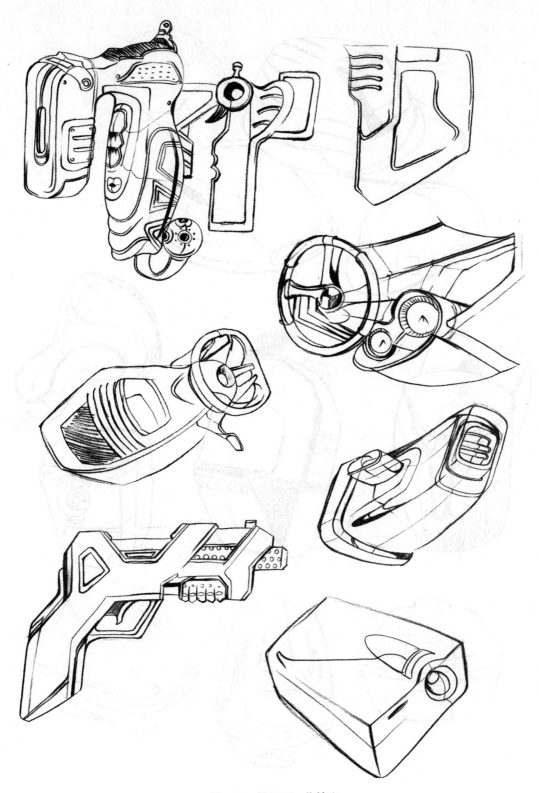

图6-82 练习五 焦婷宇

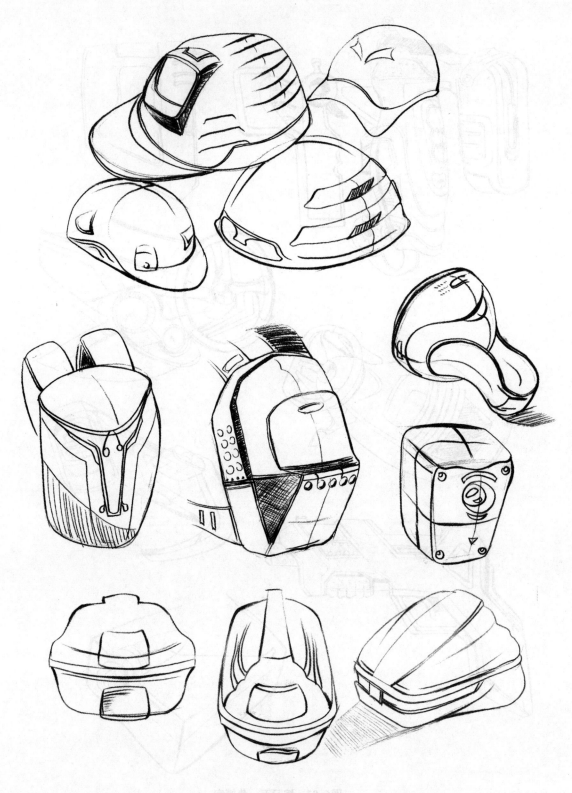

图6-83 练习六 焦婷宇

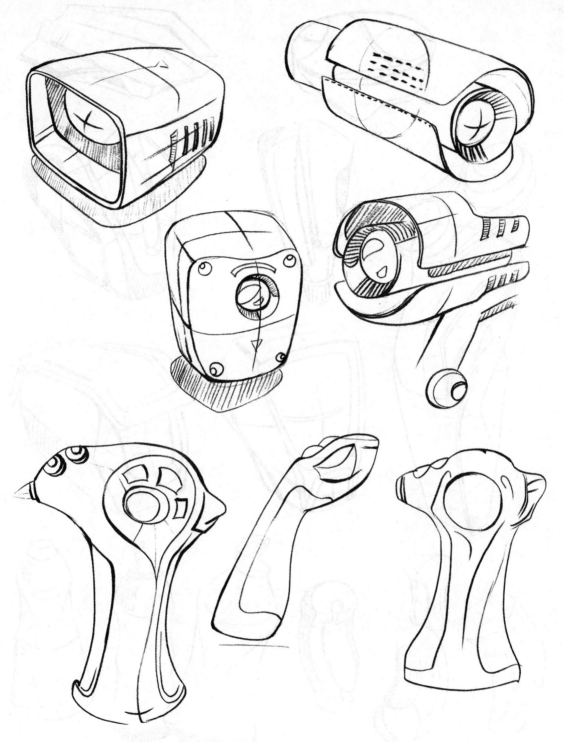

图6-84 练习七 焦婷宇

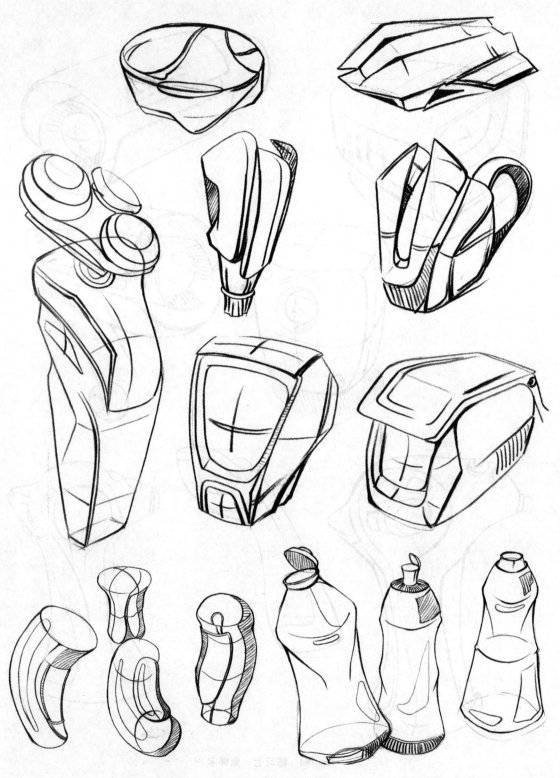

图6-85 练习八 焦婷宇

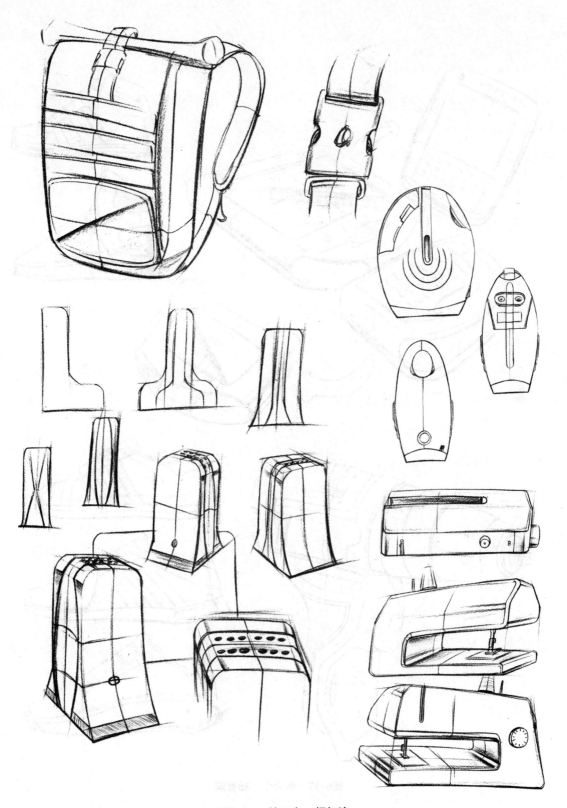

图6-86 练习九 杨智滨

图6-87　练习十　杨智滨

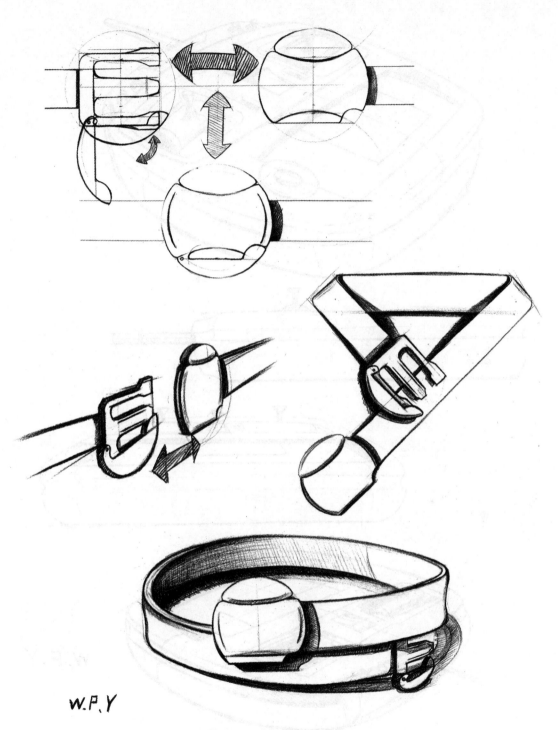

图6-88 《安全带》王培宇

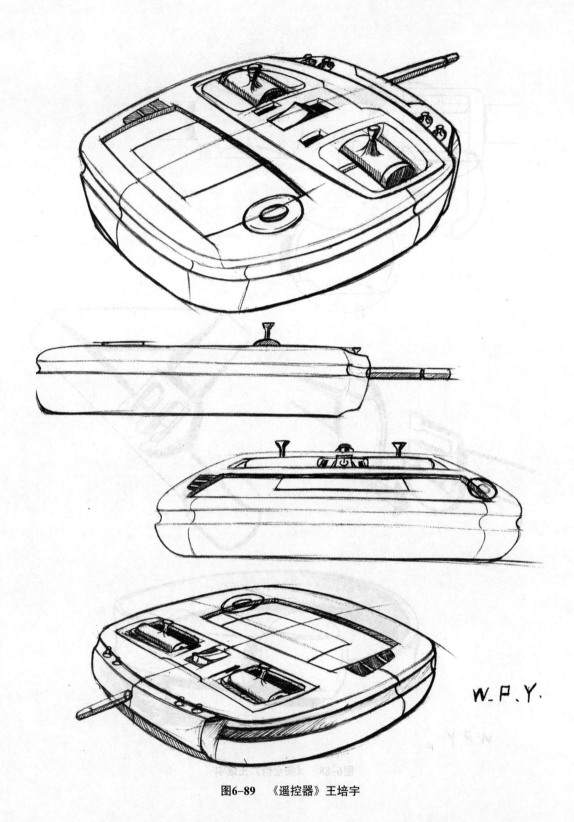

图6-89 《遥控器》王培宇

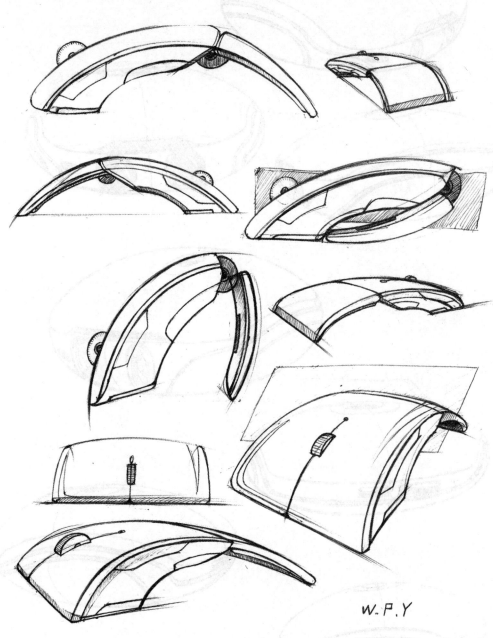

图6-90 《鼠标》王培宇

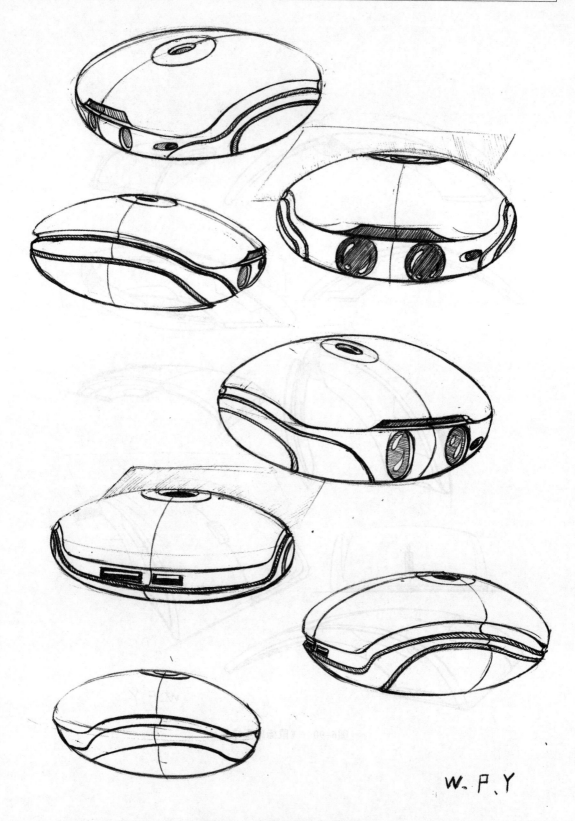

图6-91 《便携投影仪》王培宇

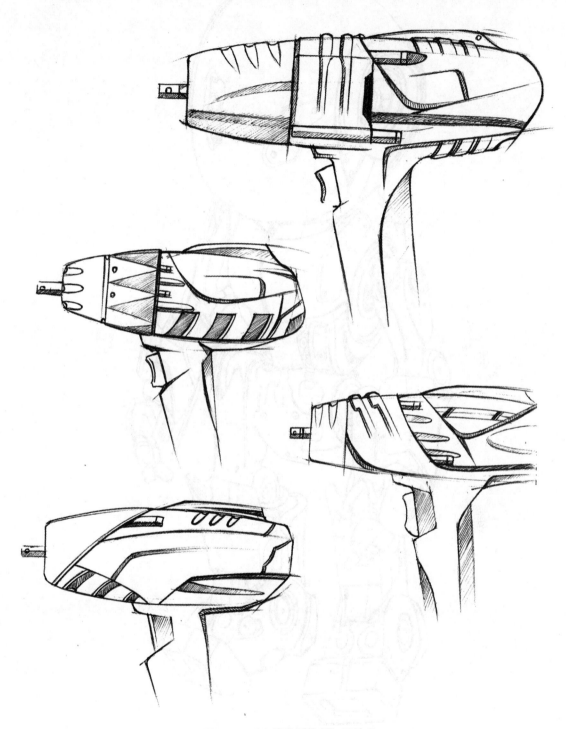

图6-92 《电钻造型推敲》王培宇

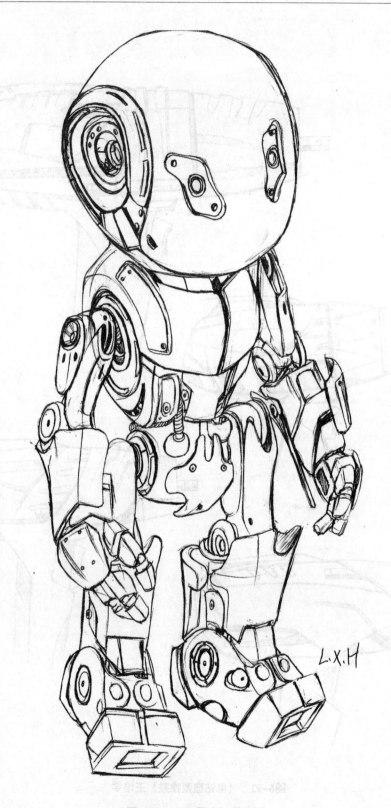

图6-93 《机器人》雷小洪

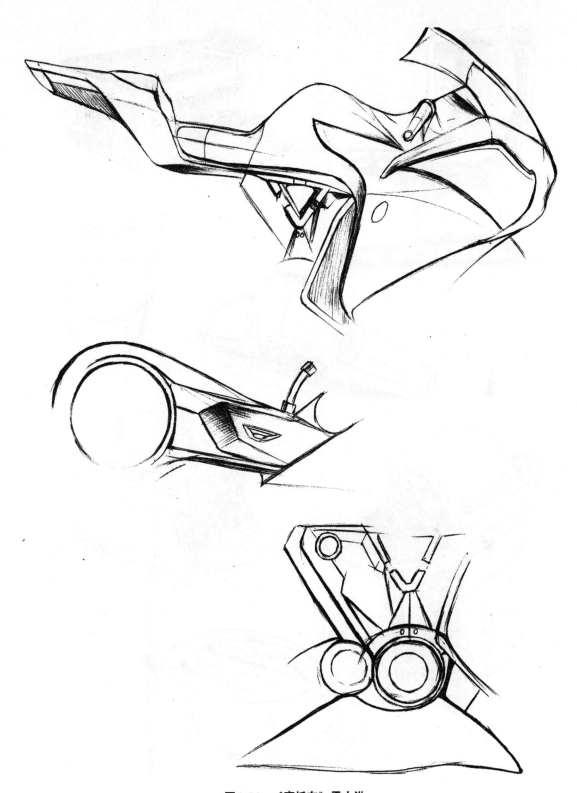

图6-94 《摩托车》雷小洪

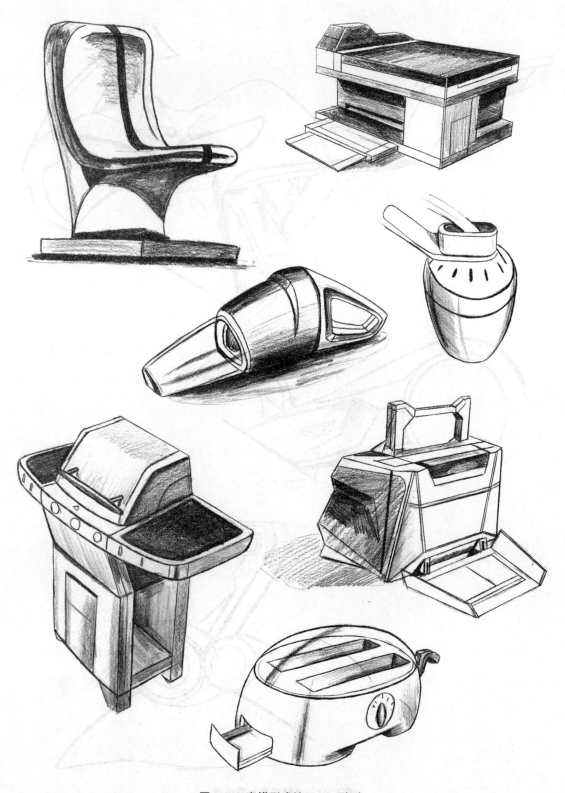

图6-95 素描形式练习一 陈鹏

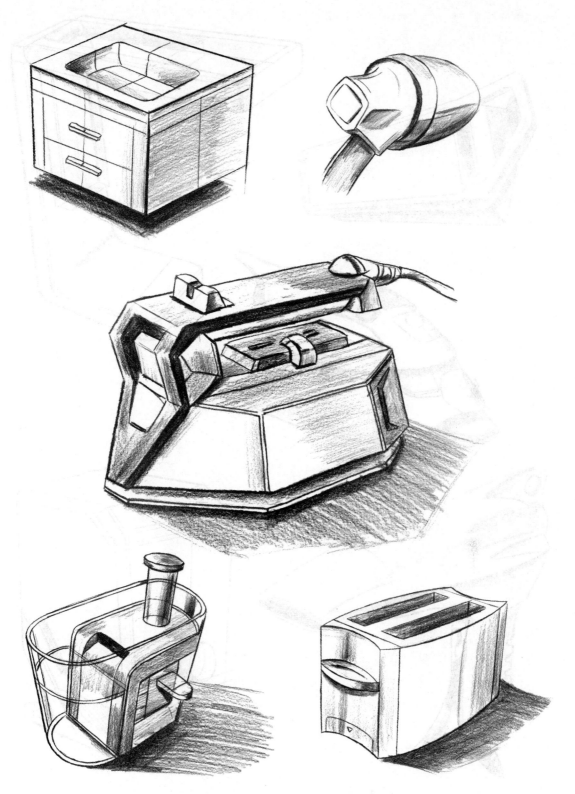

图6-96 素描形式练习二 陈鹏

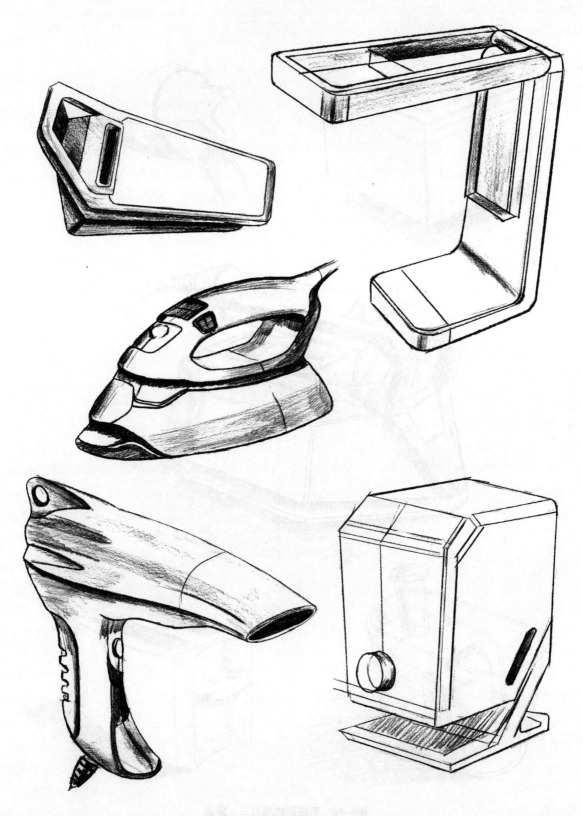

图6-97 素描形式练习三 陈鹏

第6章 作品赏析 143

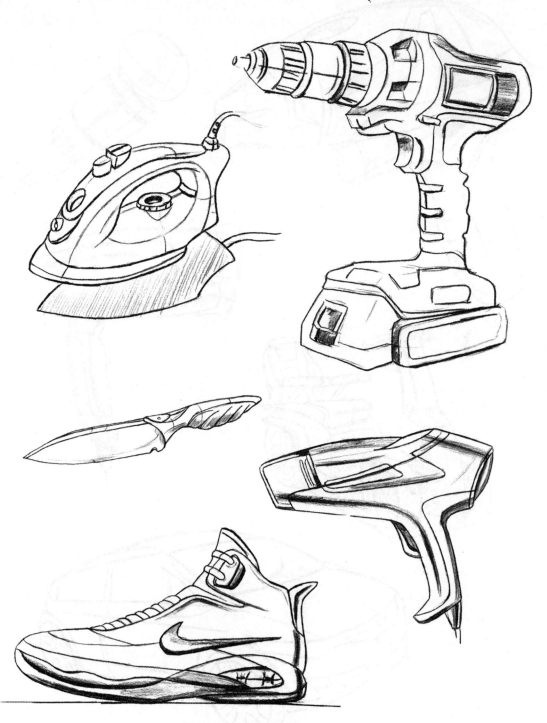

图6-98 素描形式练习四 陈鹏

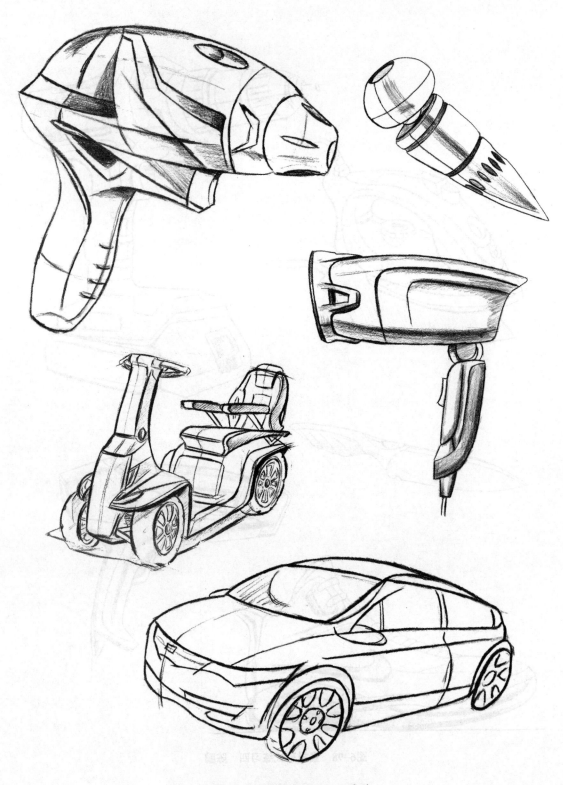

图6-99 素描形式练习五 陈鹏

图6-100 《车》李南青

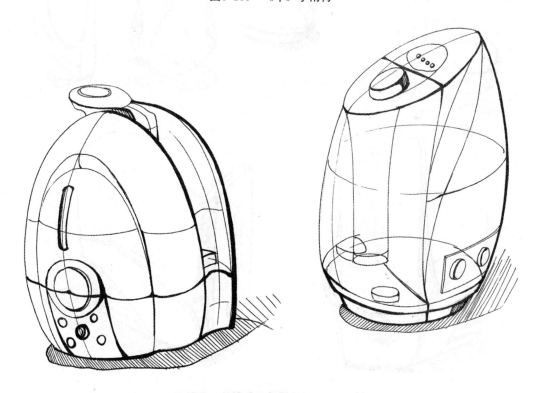

图6-101 《加湿器》李南青

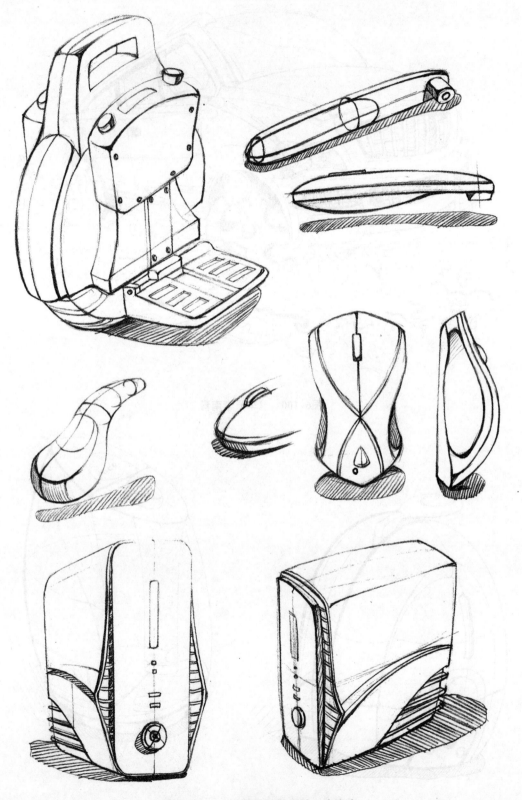

图6-102 《计算机及其配件》李南青

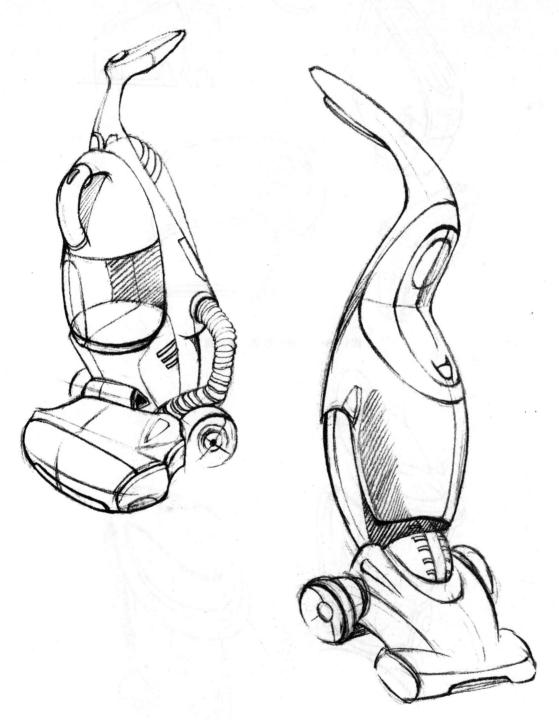

图6-103 《吸尘器》李南青

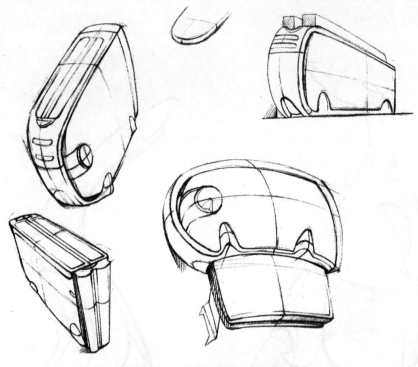

图6-104 《烤面包机》李南青

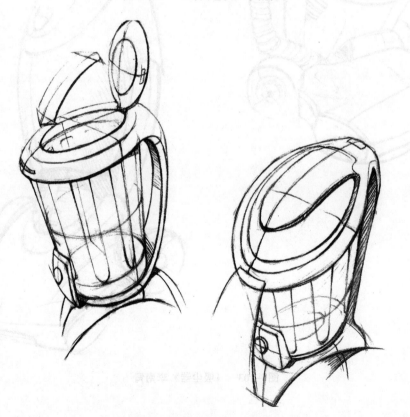

图6-105 《垃圾桶》李南青

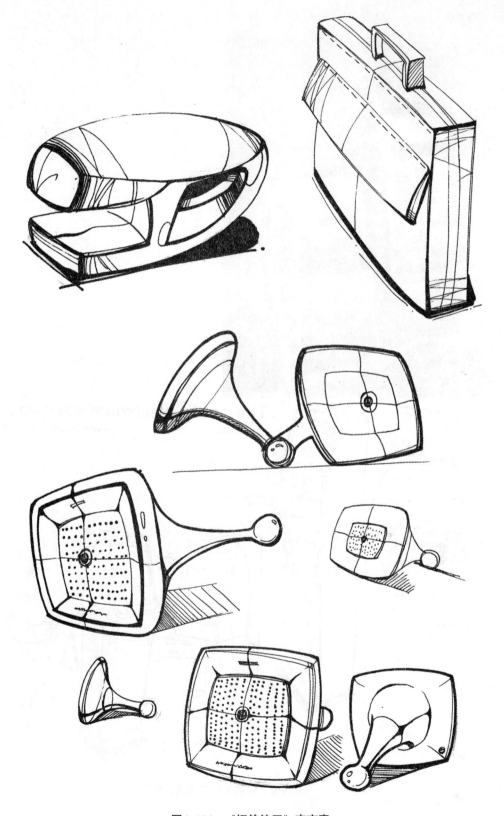

图6-106 《钢笔练习》李南青

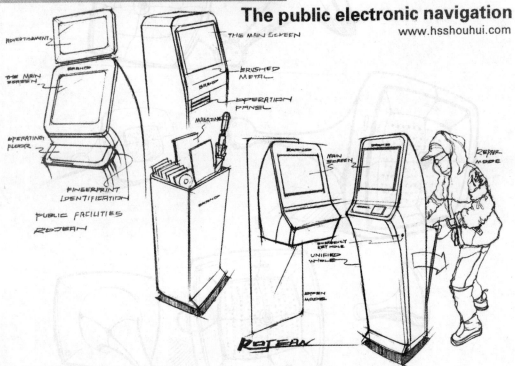

图6-107 《公共电子导航仪思维过程》 罗剑

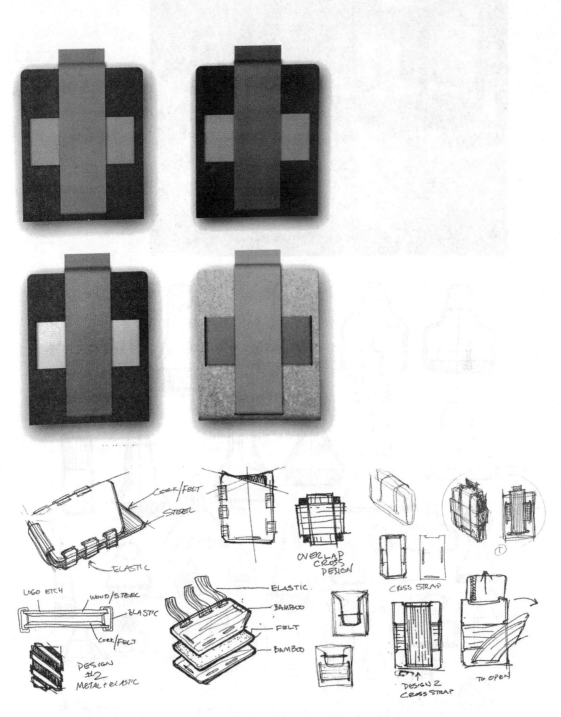

图6-108 《Woolet钱包思维过程》迈克·塞拉芬（Mike Serafin）

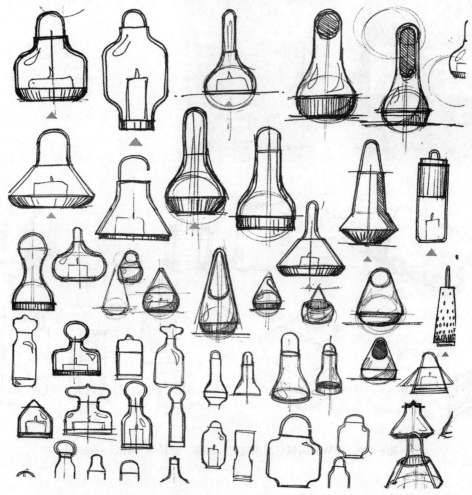

图6-109 《灯具》迈克·塞拉芬（Mike Serafin）

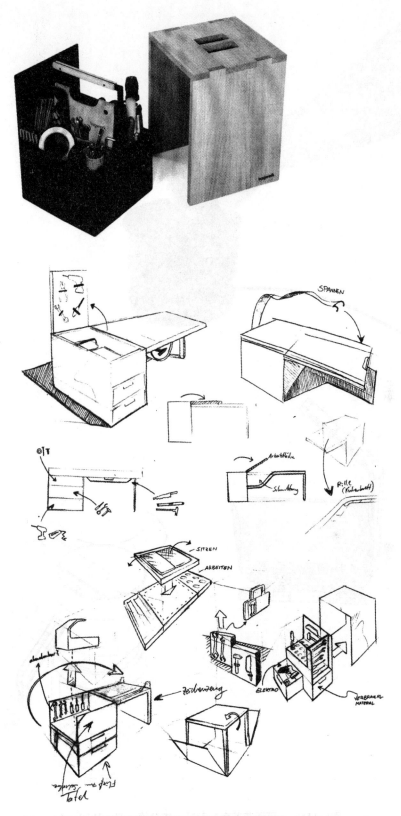

图6-110 《工具箱及凳子思维过程》蒂姆·维兰德（Tim Wieland）

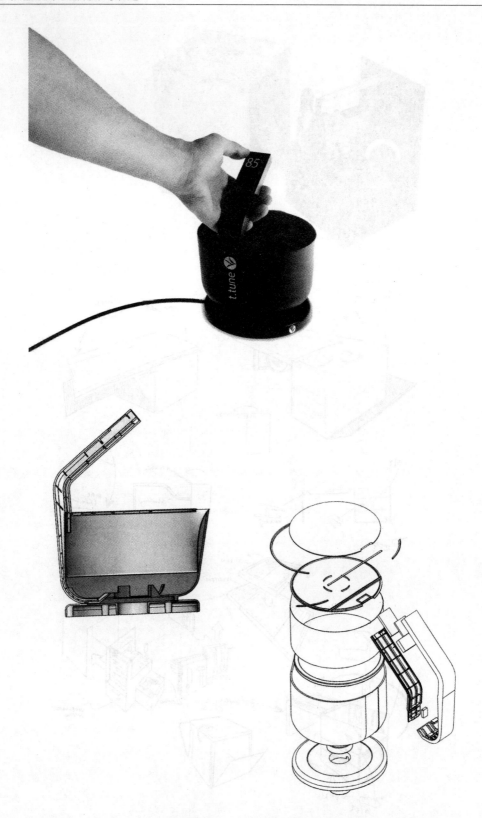

图6-111 《可调节茶壶》蒂姆·维兰德(Tim Wieland)

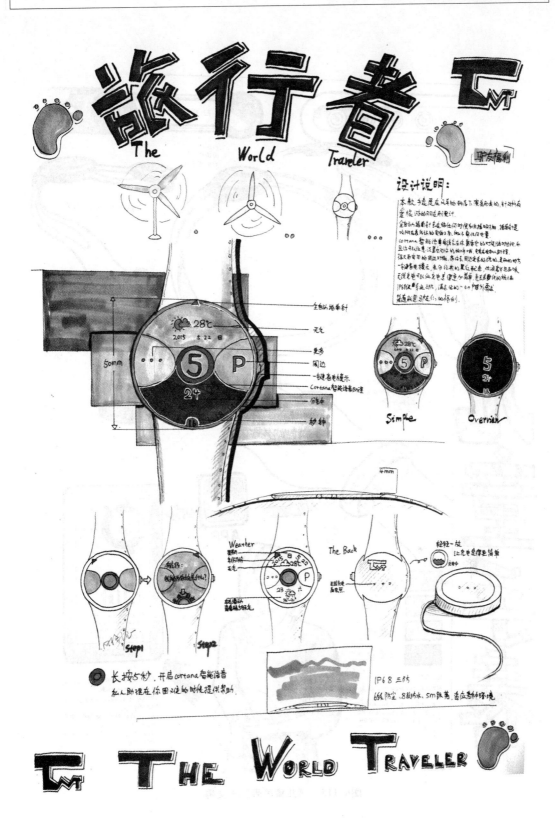

图6-112 《旅行者户外手表》邓远航

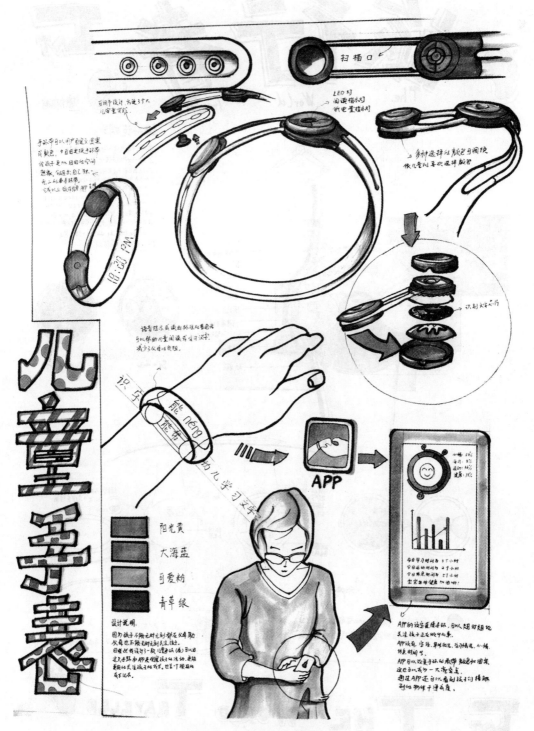

图6-113 《儿童手表》王奕婷

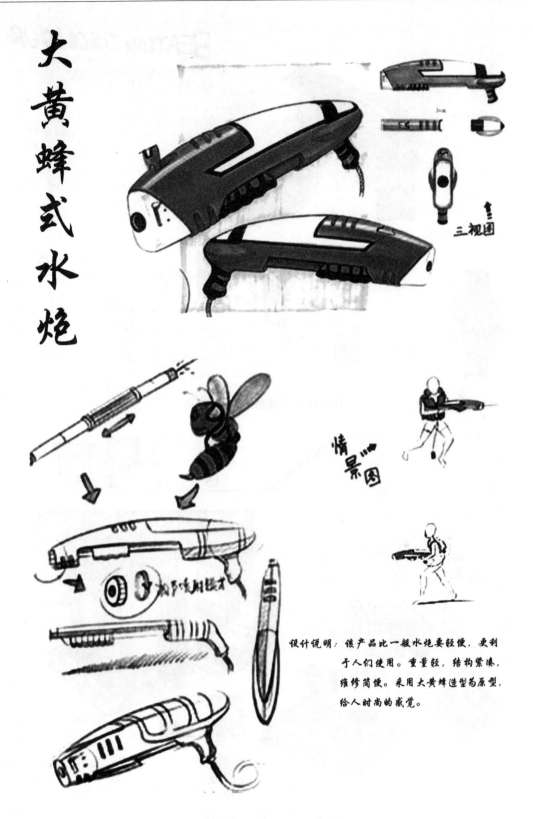

图6-114 《大黄蜂式水炮》张永红

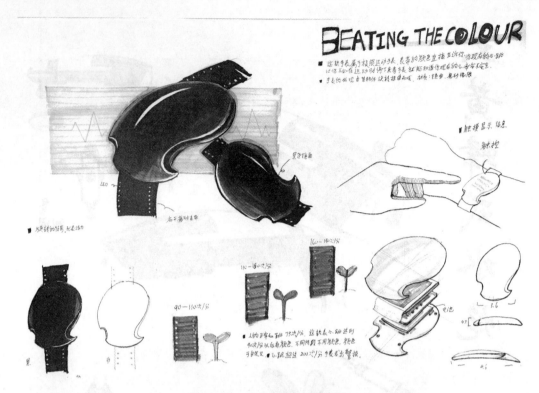

图6-115 《运动手表》廖哲祺

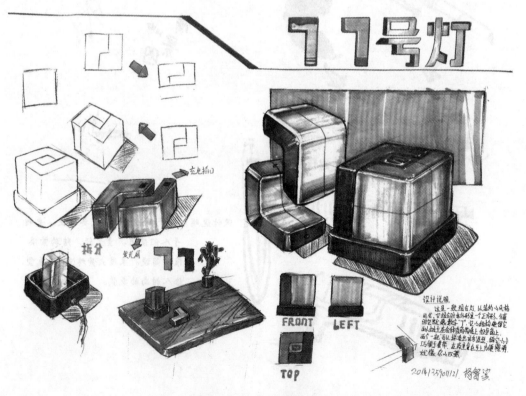

图6-116 《灯》杨智滨

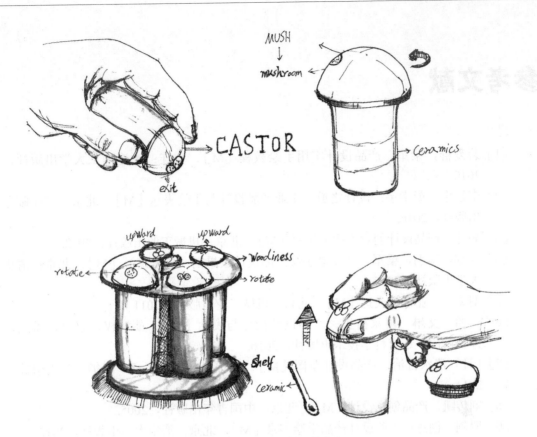

图6-117 《调味瓶》蔡欣宏

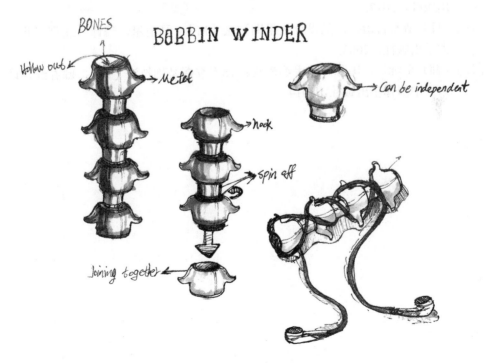

图6-118 《绕线器》蔡欣宏

参考文献

[1] 裴爱群,梁军. 产品设计实用手绘教程[M]. 大连:大连理工大学出版社,2010.

[2] 李远生,彭幸宇. 设计之道:工业产品设计与手绘表达[M]. 北京:人民邮电出版社,2016.

[3] 胡锦. 产品设计创意表达·速写[M]. 北京:机械工业出版社,2012.

[4] 罗剑,李羽,梁军. 马克笔手绘产品设计效果图(进阶篇)[M]. 北京:清华大学出版社,2015.

[5] 刘涛. 工业设计表达[M]. 北京:机械工业出版社,2011.

[6] 〔西〕艾琳·阿莱格里. 产品设计构思与表达[M]. 胡海权,赵妍,孟杰,译. 沈阳:辽宁科学技术出版社,2016.

[7] 〔日〕清水吉治. 产品设计草图[M]. 张福昌,译. 北京:清华大学出版社,2011.

[8] 刘传凯. 产品创意设计[M]. 北京:中国青年出版社,2005.

[9] 罗剑. 创意:工业设计产品手绘实录[M]. 北京:清华大学出版社,2012.

[10] 左铁峰,罗剑,梁军,等. 设计手语:产品设计之手绘解析[M]. 北京:海洋出版社,2012.

[11] 〔日〕清水吉治. 产品设计效果图技法[M]. 马卫星,编译. 北京:北京理工大学出版社,2003.

[12] 〔韩〕金沅经. 国际产品手绘教程:18天掌握基础技法[M]. 邸春红,译. 北京:中国青年出版社,2014.